国家出版基金资助项目
现代数学中的著名定理纵横谈丛书
丛书主编　王梓坤

Beatty Theorem and Lambek-Moser Theorem

Beatty定理与 Lambek-Moser定理

佩捷　严华祥　编著

哈尔滨工业大学出版社
HARBIN INSTITUTE OF TECHNOLOGY PRESS

内容简介

本书从一个拣石子游戏开始来介绍贝蒂定理与拉姆贝克－莫斯尔定理,并配有多道经典试题.

本书适合大中学生及数学爱好者参考阅读.

图书在版编目(CIP)数据

Beatty 定理与 Lambek-Moser 定理/佩捷,严华祥编著. —哈尔滨:哈尔滨工业大学出版社,2017.2
(现代数学中的著名定理纵横谈丛书)
ISBN 978－7－5603－6439－1

Ⅰ.①B… Ⅱ.①佩… ②严… Ⅲ.①贝蒂数 Ⅳ.①O189

中国版本图书馆 CIP 数据核字(2017)第 006802 号

策划编辑	刘培杰 张永芹
责任编辑	李 鹏 钱辰琛
封面设计	孙茵艾
出版发行	哈尔滨工业大学出版社
社 址	哈尔滨市南岗区复华四道街 10 号 邮编 150006
传 真	0451－86414749
网 址	http://hitpress.hit.edu.cn
印 刷	黑龙江省教育厅印刷厂
开 本	787mm×960mm 1/16 印张 9.75 字数 116 千字
版 次	2017 年 2 月第 1 版 2017 年 2 月第 1 次印刷
书 号	ISBN 978－7－5603－6439－1
定 价	78.00 元

(如因印装质量问题影响阅读,我社负责调换)

英雄.我真入迷了.从此,放牛也罢,车水也罢,我总要带一本书,还练出了边走田间小路边读书的本领,读得津津有味,不知人间别有他事.

当我们安静下来回想往事时,往往会发现一些偶然的小事却影响了自己的一生.如果不是找到那本《薛仁贵征东》,我的好学心也许激发不起来.我这一生,也许会走另一条路.人的潜能,好比一座汽油库,星星之火,可以使它雷声隆隆、光照天地;但若少了这粒火星,它便会成为一潭死水,永归沉寂.

抄,总抄得起

好不容易上了中学,做完功课还有点时间,便常光顾图书馆.好书借了实在舍不得还,但买不到也买不起,便下决心动手抄书.抄,总抄得起.我抄过林语堂写的《高级英文法》,抄过英文的《英文典大全》,还抄过《孙子兵法》,这本书实在爱得狠了,竟一口气抄了两份.人们虽知抄书之苦,未知抄书之益,抄完毫末俱见,一览无余,胜读十遍.

始于精于一,返于精于博

关于康有为的教学法,他的弟子梁启超说:"康先生之教,专标专精、涉猎二条,无专精则不能成,无涉猎则不能通也."可见康有为强烈要求学生把专精和广博(即"涉猎")相结合.

在先后次序上,我认为要从精于一开始.首先应集中精力学好专业,并在专业的科研中做出成绩,然后逐步扩大领域,力求多方面的精.年轻时,我曾精读杜布(J. L. Doob)的《随机过程论》,哈尔莫斯(P. R. Halmos)的《测度论》等世界数学名著,使我终身受益.简言之,即"始于精于一,返于精于博".正如中国革命一样,必须先有一块根据地,站稳后再开创几块,最后连成一片.

丰富我文采,澡雪我精神

辛苦了一周,人相当疲劳了,每到星期六,我便到旧书店走走,这已成为生活中的一部分,多年如此.一次,偶然看到一套《纲鉴易知录》,编者之一便是选编《古文观止》的吴楚材.这部书提纲挈领地讲中国历史,上自盘古氏,直到明末,记事简明,文字古雅,又富于故事性,便把这部书从头到尾读了一遍.从此启发了我读史书的兴趣.

我爱读中国的古典小说,例如《三国演义》和《东周列国志》.我常对人说,这两部书简直是世界上政治阴谋诡计大全.即以近年来极时髦的人质问题(伊朗人质、劫机人质等),这些书中早就有了,秦始皇的父亲便是受害者,堪称"人质之父".

《庄子》超尘绝俗,不屑于名利.其中"秋水""解牛"诸篇,诚绝唱也.《论语》束身严谨,勇于面世,"己所不欲,勿施于人",有长者之风.司马迁的《报任少卿书》,读之我心两伤,既伤少卿,又伤司马;我不知道少卿是否收到这封信,希望有人做点研究.我也爱读鲁迅的杂文,果戈理、梅里美的小说.我非常敬重文天祥、秋瑾的人品,常记他们的诗句:"人生自古谁无死,留取丹心照汗青""休言女子非英物,夜夜龙泉壁上鸣".唐诗、宋词、《西厢记》《牡丹亭》,丰富我文采,澡雪我精神,其中精粹,实是人间神品.

读了邓拓的《燕山夜话》,既叹服其广博,也使我动了写《科学发现纵横谈》的心.不料这本小册子竟给我招来了上千封鼓励信.以后人们便写出了许许多多的

"纵横谈".

从学生时代起,我就喜读方法论方面的论著.我想,做什么事情都要讲究方法,追求效率、效果和效益,方法好能事半而功倍.我很留心一些著名科学家、文学家写的心得体会和经验.我曾惊讶为什么巴尔扎克在51年短短的一生中能写出上百本书,并从他的传记中去寻找答案.文史哲和科学的海洋无边无际,先哲们的明智之光沐浴着人们的心灵,我衷心感谢他们的恩惠.

读书的另一面

以上我谈了读书的好处,现在要回过头来说说事情的另一面.

读书要选择.世上有各种各样的书:有的不值一看,有的只值看20分钟,有的可看5年,有的可保存一辈子,有的将永远不朽.即使是不朽的超级名著,由于我们的精力与时间有限,也必须加以选择.决不要看坏书,对一般书,要学会速读.

读书要多思考.应该想想,作者说得对吗?完全吗?适合今天的情况吗?从书本中迅速获得效果的好办法是有的放矢地读书,带着问题去读,或偏重某一方面去读.这时我们的思维处于主动寻找的地位,就像猎人追找猎物一样主动,很快就能找到答案,或者发现书中的问题.

有的书浏览即止,有的要读出声来,有的要心头记住,有的要笔头记录.对重要的专业书或名著,要勤做笔记,"不动笔墨不读书".动脑加动手,手脑并用,既可加深理解,又可避忘备查,特别是自己的灵感,更要及时抓住.清代章学诚在《文史通义》中说:"札记之功必不可少,如不札记,则无穷妙绪如雨珠落大海矣."许多大事业、大作品,都是长期积累和短期突击相结合的产物.涓涓不息,将成江河;无此涓涓,何来江河?

爱好读书是许多伟人的共同特性,不仅学者专家如此,一些大政治家、大军事家也如此.曹操、康熙、拿破仑、毛泽东都是手不释卷,嗜书如命的人.他们的巨大成就与毕生刻苦自学密切相关.

王梓坤

目录

§0 引子 …………………………… 1
§1 题目的证明 …………………… 2
§2 题目的加强 …………………… 4
§3 应用 …………………………… 9
§4 互补序列与可逆序列………… 15
§5 再谈数列的 N-互补性 ……… 19
§6 贝蒂定理与一道第 34 届 IMO 试题
 ……………………………… 25
§7 几种不同解法………………… 31
§8 围棋盘上的游戏……………… 61
§9 两个《美国数学月刊》征解题…… 70
§10 贝蒂定理与两道竞赛题 ……… 76
§11 互补序列的进一步研究及其在数学
 竞赛中的应用 ……………… 80
§12 贝蒂定理的两个变形 ………… 92

1

§13 贝蒂序列中的除数问题 …………………… 95
§14 一类特殊贝蒂序列中的素因子问题 …… 101
编辑手记 ………………………………………… 114

Beatty Theorem and Lambek-Moser Theorem

§0 引　　子

受普特南促进学术奖金基金会赞助并由美国数学协会主办的威廉·罗韦尔·普特南数学竞赛(The William Lowell Putnam Mathematical Competition),其试题由名家组成的命题委员会制定,背景深刻,极富独创性,为国际数学界所瞩目.

在第20届普特南数学竞赛中有一道试题为:

试题1　设正无理数 α 与 β 满足下列等式
$$\frac{1}{\alpha}+\frac{1}{\beta}=1 \qquad (1)$$
求证:两序列 $\{[n\alpha]\},\{[n\beta]\}$ 合在一起恰好不重复地构成自然数集,记号 $[x]$ 表示不超过 x 的最大整数.

正如美国和加拿大数学奥林匹克的主教练 M. S. Klamkin 所指出:"数学竞赛试题的一种产生方法就是将某些不那么新的数学论文中的漂亮结果加以改造." 而上面的题目正是用此法炮制的.1926年加拿大多伦多大学的 S·贝蒂(Sam Beatty)发现了如下的贝蒂定理:

贝蒂定理　设 x 是任何一个正的无理数,y 是它的倒数,那么两个序列 $\{n(1+x)\},\{n(1+y)\}$ 合起来,恰好包含了每对相邻正整数构成的区间 $(n,n+1)$ 中的一个数.

显然前面的题目是贝蒂定理的一个推论,因为如

果设 $\alpha=1+x, \beta=1+y$,则

$$\frac{1}{\alpha}+\frac{1}{\beta}=\frac{1}{1+x}+\frac{1}{1+y}=\frac{1}{1+x}+\frac{1}{1+\frac{1}{x}}=$$

$$\frac{1}{1+x}+\frac{x}{1+x}=1$$

§1 题目的证明

1927 年,由 A·M·奥斯特洛夫斯基(Ostrowski)与 A·C·艾特肯(Aitken)给出了贝蒂定理的一个简洁的证明,仿此思路我们也给出前述竞赛题的一个证明.

证法 1 我们只需证:任何自然数 k,不在 $\{[n\alpha]\}$ 中出现一次,就在 $\{[n\beta]\}$ 中出现一次,二者必居其一.

显然 $[n\alpha]\in \mathbf{N},[n\beta]\in \mathbf{N}(n=1,2,\cdots)$,定义

$$p=\max\{n \mid [n\alpha]\leqslant k\}$$

$$q=\max\{n \mid [n\beta]\leqslant k\}$$

即 p,q 是两序列 $\{[n\alpha]\}$ 和 $\{[n\beta]\}$ 中不超过 k 的正整数的个数,由式(1) 有 $\alpha>1,\beta>1$,所以

$$[p\alpha]\leqslant k\leqslant [(p+1)\alpha]\Rightarrow p\alpha<k+1<(p+1)\alpha\Rightarrow$$

$$p<\frac{k+1}{\alpha}<p+1 \tag{2}$$

同理可得

$$q<\frac{k+1}{\beta}<q+1 \tag{3}$$

式(2)+式(3) 并注意到式(1) 有

$$p+q<k+1<p+q+2\Rightarrow p+q+1<k<$$

Beatty Theorem and Lambek-Moser Theorem

$$p+q+1 \Rightarrow p+q=k$$

这即是说,在$\{[n\alpha]\}$和$\{[n\beta]\}$中,不超过k的正整数恰好共有k个,但由k的任意性,可知,其中不大于$k-1(k>1)$的正整数也恰好共有$k-1$个,于是比较两者可知,在$\{[n\alpha]\}$和$\{[n\beta]\}$中大于$k-1$而不大于k的正整数有且仅有一个,它正好是k.

证法 2 我们只需证$\{[n\alpha]\}$,$\{[n\beta]\}$两序列满足:

i) 严格单调递增;ii) 两序列的项不重复;iii) 两序列合起来后不漏掉任何一个自然数.

先证 i),显然$\alpha>1,\beta>1$,所以

$$[(n+1)\alpha]=[n\alpha+\alpha]\geqslant [n\alpha]+[\alpha]\geqslant$$
$$[n\alpha]+1>[n\alpha]$$

这说明$\{[n\alpha]\}$,$\{[n\beta]\}$均严格单调递增.

ii) 用反证法:假设存在$k,l\in \mathbf{N}$,使得$[k\alpha]$,$[l\beta]$表示同一个自然数p,于是注意到α,β是无理数,可得$p<k\alpha<p+1,p<l\beta<p+1$,由此可得

$$\frac{k}{p+1}<\frac{1}{\alpha}<\frac{k}{p}$$
$$\frac{l}{p+1}<\frac{1}{\beta}<\frac{l}{p}$$

两式相加得

$$\frac{k+l}{p+1}<\frac{1}{\alpha}+\frac{1}{\beta}=1<\frac{k+l}{p} \Rightarrow p<k+l<p+1$$

后一不等式是不可能的,因为在两连续自然数$p,p+1$中不可能再"夹"一个自然数$k+l$.

iii) 亦用反证法:假设存在一个自然数q不在两序列中,则也会找到两个$k,l\in \mathbf{N}$,使得

$$k\alpha<q<q+1<(k+1)\alpha$$

$$l\beta < q < q+1 < (l+1)\beta$$

由此可得

$$\frac{k}{q} + \frac{l}{q} < \frac{1}{\alpha} + \frac{1}{\beta} = 1 < \frac{k+1}{q+1} + \frac{l+1}{q+1}$$

所以有

$$k+l < q < q+1 < k+l+2$$

这相当于在两"间距"为2的自然数 $k+l$ 和 $k+l+2$ 中"夹"有两个自然数 q 和 $q+1$,而这是不可能的.

综合 i)、ii)、iii) 可知命题成立.

§2 题目的加强

本节我们将 α,β 是无理数这一限制取消,而代之以任意不等于1的实数,也可得到和题目相同的结果. 我们首先引入一个记号 $[x]^-$,其定义为:当 x 不是整数时为 $[x]$;当 x 是整数时为 $[x]-1$. 我们有如下的:

定理1 若 $\alpha \geqslant 1, \beta \geqslant 1$,则每一正整数在下列两序列 $\{[m\alpha]\}$ 和 $\{[n\beta]^-\}$ 中恰好出现一次的充要条件是

$$\frac{1}{\alpha} + \frac{1}{\beta} = 1$$

证明 1) 必要性. 若 $k \in \mathbf{Z}_+$,则满足不等式

$$0 < m\alpha < k+1, 0 < n\beta \leqslant k+1$$

的正整数 m 与 n 之和 M 为

$$M = \left[\frac{k+1}{\alpha}\right]^- + \left[\frac{k+1}{\beta}\right]$$

而显见

$$\frac{k+1}{\alpha} + \frac{k+1}{\beta} - 2 < M < \frac{k+1}{\alpha} + \frac{k+1}{\beta}$$

若 $\frac{1}{\alpha}+\frac{1}{\beta}=\theta$，则上式左、右两端的数分别为 $(k+1)\theta-2$ 和 $(k+1)\theta$. 以下证 $\theta=1$.

i) 若 $\theta<1$，则当 k 充分大时，$(k+1)\theta<k$，即 $M<k$，这表明在 $\{[m\alpha]\}$ 和 $\{[n\beta]^-\}$ 内不超过 k 的项不到 k 个，亦即在前 k 个正整数之中至少有一个不在 $\{[m\alpha]\}$ 和 $\{[n\beta]^-\}$ 内，与题设矛盾.

ii) 若 $\theta>1$，则当 k 充分大时，$(k+1)\theta-2=k+(\theta-1)k+\theta-2>k$，即 $M>k$，故在 $\{[m\alpha]\}$ 和 $\{[n\beta]^-\}$ 的项中其值不超过 k 的项比 k 多，由此可见，在前 k 个正整数中至少有一个在 $\{[m\alpha]\}$ 和 $\{[n\beta]^-\}$ 中不止出现一次. 必要性得证.

2) 充分性. 设 $\frac{1}{\alpha}+\frac{1}{\beta}=1$，则

$$M=\left[\frac{k+1}{\alpha}\right]^- + \left[k+1-\frac{k+1}{\alpha}\right]=$$

$$\left[\frac{k+1}{\alpha}\right]^- + \left[k-(\frac{k+1}{\alpha})\right]=$$

$$\left[\frac{k+1}{\alpha}\right]^- + k - \left[\frac{k+1}{\alpha}\right]^- = k$$

故在 $\{[m\alpha]\}$，$\{[n\beta]^-\}$ 内其值不超过 k 的项数为 k，同时由 k 的任意性中其值不超过 $k-1$ 的项数为 $k-1$，故其值为 k 的项数是 1.

综合 1)、2) 命题得证.

我们还可以将上述定理推广为：

定理 2(闵嗣鹤) 设 i) $\alpha(0)\geqslant 1$，$\beta(1)\geqslant 0$；ii) 当 $x\geqslant 1$ 时，$\alpha(x)$ 和 $\beta(x)$ 都是关于 x 的严格递增函数；iii) 若 $\alpha^{-1}(x)$ 和 $\beta^{-1}(x)$ 分别为 $\alpha(x)$ 和 $\beta(x)$ 的反函数，且 $\alpha^{-1}(x)+\beta^{-1}(x)=lx(l\in\mathbf{N})$，则每一个正整数

一定在两个序列$\{[\alpha(n)]\},\{[\beta(n)]^-\}$内恰好出现$l$次,而0则恰好出现$l-1$次.

证明 适合$\alpha(n)<k$或$\beta(n)\leqslant k+1(k\in\mathbf{Z}_+)$的正整数$n$就是适合$n<\alpha^{-1}(k+1)$或$n\leqslant\beta^{-1}(k+1)$的正整数. 这样的正整数显然共有$[\alpha^{-1}(k+1)]^-+[\beta^{-1}(k+1)]$个. 由 iii), 上式又可写成

$$[\alpha^{-1}(k+1)]^-+[l(k+1)-[\alpha^{-1}(k+1)]]=$$
$$[\alpha^{-1}(k+1)]^-+[l(k+1)-1-[\alpha^{-1}(k+1)]^-]=$$
$$l(k+1)-1$$

这正是在$\{[\alpha(n)]\},\{[\beta(n)]^-\}$中其值不超过$k$的项数.

i) 若$k>0$, 则$\{[\alpha(n)]\},\{[\beta(n)]^-\}$内其值不超过$k-1$的项数应是$lk-1$, 故在两序列中其值为$k$的项数为

$$l(k+1)-1-(lk-1)=l$$

ii) 若$k=0$, 则在两序列$\{[\alpha(n)]\},\{[\beta(n)]^-\}$中其值为$k$的项数, 显然为

$$[\alpha^{-1}(1)]+[\beta^{-1}(1)]=l-1$$

作为定理2的一个推论, 我们还有如下的:

定理3 若α,β,γ都是正数, 则每一正整数在以下两序列$\{[\alpha(\frac{n}{\beta})^\gamma+n]\},\{[\beta(\frac{n}{\alpha})^{\frac{1}{\gamma}}+n]^-\}$中恰好出现一次.

请读者仿定理2自己给出证明.

有趣的是在第26届国际数学奥林匹克的候选题中也出现了类似于定理1的命题. 现将它写出来作为:

定理4 对实数x,y令

$$S(x,y)=\{S\mid S=[nx+y],n\in\mathbf{N}\}$$

Beatty Theorem and Lambek-Moser Theorem

证明:若 $r>1$ 为有理数,则存在实数 u,v,使
$$S(r,0) \cap S(u,v) = \varnothing$$
$$S(r,0) \cup S(u,v) = \mathbf{N}$$

证明 设 $r=\dfrac{p}{q}, p,q \in \mathbf{Z}, p>q$,则 $u=\dfrac{p}{p-q}$ 及适合 $-\dfrac{1}{p-q} \leqslant v<0$ 的 v 即为所求.

i) 如果 $S(r,0) \cap S(u,v) \neq \varnothing$,那么有 $[nr]=[mu+v]=k$,从而
$$np = kq+c \qquad 0 \leqslant c \leqslant q-1$$
$$mp+v(p-q) = k(p-q)+d \qquad 0 \leqslant d < p-q$$
相加得
$$(m+n)p+v(p-q) = kp+c+d$$
由于 $v(p-q)<0, c+d \geqslant 0$,所以有
$$k > m+n \tag{4}$$
但另一方面 $v(p-q) \geqslant -1, c+d < p-1$,所以
$$k > m+n-1 \tag{5}$$
式(4)与式(5)矛盾,因此 $S(r,0) \cap S(u,v) = \varnothing$.

ii) 在 $n>m$ 时,
$$[nr]>[mr], [nu+v]>[mu+v]$$
所以 $S(u,v)$ 中没有相同的元素,$S(u,v) \cap \{1,2,\cdots,k-1\}$ 的元素个数等于满足 $[mu+v]<k$ 的 m 的最大值 m_1. 由 $m_1 u+v<k$ 及 $(m_1+1)u+v \geqslant k$,解得
$$\frac{k-v}{u}-1 \leqslant m_1 < \frac{k-v}{u}$$
即
$$\frac{u+v-k}{u} \geqslant -m_1 > -\frac{k-v}{u}$$
所以
$$m_1 = -\left[\frac{u+v-k}{u}\right]$$

同样 $S(r,0) \cap \{1,2,\cdots,k-1\}$ 的元素个数为
$$n_1 = -\left[\frac{r-k}{r}\right]$$

因为
$$-m_1 - n_1 \leqslant \frac{u+v-k}{u} + \frac{r-k}{r} =$$
$$2 - k + \frac{v(p-q)}{p} < 2 - k$$

所以 $m_1 + n_1 > k-2$，即 $m_1 + n_1 \geqslant k-1$，结合 i) 便得
$$S(u,v) \cap S(r,0) \cap \{1,2,\cdots,k-1\} = \{1,2,\cdots,k-1\}$$

上式对所有 k 均成立，所以
$$S(u,v) \cup S(r,0) = \mathbf{N}$$

贝蒂定理还可推广如下：

定理 5 设两个正无理数 α 和 β 满足 $\frac{1}{\alpha} + \frac{1}{\beta} = 1$，两个有理数 a 和 b 满足 $1-\alpha < 1, b = -\frac{\beta}{\alpha} \cdot a$，定义两个递增的数列
$$A = \{[\alpha n + a] \mid n = 1,2,3,\cdots\}$$
$$B = \{[\beta n + b] \mid n = 1,2,3,\cdots\}$$

则 A, B 满足 $A \cap B = \varnothing$ 和 $A \cup B = \mathbf{N}$.

证明 先证明 $A \cap B = \varnothing$。用反证法，假定存在 $i, j \in \mathbf{N}$，使得 $[\alpha i + a] = [\beta j + b] = k$，因 α, β 为无理数，a, b 为有理数，从而
$$k < \alpha i + a$$
$$\beta j + b < k + 1$$

也即是
$$\frac{k-a}{\alpha} < i < \frac{k+1-a}{\alpha}$$

Beatty Theorem and Lambek-Moser Theorem

$$\frac{k-b}{\beta} < j < \frac{k+1-b}{\beta}$$

因 $\frac{1}{\alpha} + \frac{1}{\beta} = 1, b = -\frac{\beta}{\alpha} \cdot a$，上两式相加得

$$(\frac{1}{\alpha} + \frac{1}{\beta})k - \frac{a}{\alpha} - \frac{b}{\beta} < i+j <$$

$$(\frac{1}{\alpha} + \frac{1}{\beta})(k+1) - \frac{a}{\alpha} - \frac{b}{\beta}$$

有 $k < i+j < k+1$，这是不可能的，假设不成立，从而得证 $A \cap B = \varnothing$。

再证明 $A \cup B = \mathbf{N}$，因 $1-\alpha < a < 1$，则

$$[\alpha + a] \geqslant 1 \qquad A \subset \mathbf{N}$$

因 $\frac{1}{\alpha} + \frac{1}{\beta} = 1, b = -\frac{\beta}{\alpha} \cdot a$，则 $b > \frac{\beta}{\alpha} - \beta, [\beta + b] \geqslant 1$，$B \subset \mathbf{N}$。

仍用反证法，假设存在正整数 $k \notin A \cup B$，则存在 i_0, j_0 使得 $i_0\alpha + a < k, (i_0+1)\alpha + a > k+1, j_0\beta + b < k, (j_0+1)\beta + b > k+1$，从而

$$\frac{k+1-a}{\alpha} - 1 < i_0 < \frac{k-a}{\alpha}$$

$$\frac{k+1-b}{\beta} - 1 < j_0 < \frac{k-b}{\beta}$$

相加得 $k-1 < i_0 + j_0 < k$，又产生了矛盾，从而得证 $A \cup B = \mathbf{N}$。

§3 应 用

本节我们将介绍前述试题在数学竞赛命题中的一个应用，它们看起来与定理毫无联系，使我们颇有"异

9

邦闻乡音"之感,然而这正体现了数学的所谓"意外美",表现了数学竞赛命题者的匠心独运.

例 1 以下是一道美国普特南数学竞赛试题,给定 A,B,C 三列数. A 列为十进制的形如 10^k 的数,其中 $k \geqslant 1$ 是整数,B 列和 C 列分别是将 A 列的数化为二进制和五进制的数

A	B	C
10	1010	20
100	1100100	40
1 000	1111101000	13000
⋮	⋮	⋮

求证:对于任意的整数 $n > 1$,恰好有一个 n 位数存在于 B 列或 C 列中.

证明 由贝蒂定理给定两个正无理数 x 和 y,使得 $\dfrac{1}{x}+\dfrac{1}{y}=1$,则正整数集可以写成两个不相交序列的并

$$[x],[2x],[3x],\cdots$$
$$[y],[2y],[3y],\cdots$$

10^k 在二进制下有 $[k\log_2 10]+1$ 位,10^k 在五进制下有 $[k\log_5 10]+1$ 位,取 $x=\log_2 10, y=\log_5 10$,应用引理即可证明原结论.

例 2 设 $f,g:\mathbf{Z}_+ \to \mathbf{Z}_+$ 为严格递增数列,且 $f(\mathbf{Z}_+) \cap g(\mathbf{Z}_+) = \varnothing, f(\mathbf{Z}_+) \cup g(\mathbf{Z}_+) = \mathbf{Z}_+, g(m) = f(f(m))+1$,求 $f(2m)$.(第 20 届 IMO 试题英国供题)

解 我们取 $\alpha=\dfrac{1+\sqrt{5}}{2}, \beta=\dfrac{3+\sqrt{5}}{2}$,则显见 $\dfrac{1}{\alpha}+$

$\frac{1}{\beta}=1, \beta=\alpha^2$，并且 α, β 是满足上述两条件的唯一一对无理数. 构造两个函数 $f(m) = [\alpha m]$，$g(m) = [\beta m]$，它们显然满足 $f, g: \mathbf{Z}_+ \to \mathbf{Z}_+$ 为严格递增函数，由"试题"的结论可知它们又满足 $f(\mathbf{Z}_+) \cap g(\mathbf{Z}_+) = \varnothing$，$f(\mathbf{Z}_+) \cup g(\mathbf{Z}_+) = \mathbf{Z}_+$，所以只需验证
$$g(m) = f(f(m)) + 1$$
事实上，一方面
$$[\alpha m] < \alpha m \Rightarrow \alpha[\alpha m] < \alpha^2 \Rightarrow \alpha[\alpha m] < \beta m \Rightarrow$$
$$[\alpha[\alpha m]] < [\beta m]$$
(因 $\alpha > 1$，所以不能取等号)；另一方面，有
$$\alpha = 1 + \frac{1}{\alpha}, \beta = 1 + \alpha$$
$$\alpha[\alpha m] = \left(1 + \frac{1}{\alpha}\right)[\alpha m] = [\alpha m] + \frac{1}{\alpha}[\alpha m] >$$
$$[\alpha m] + \frac{1}{\alpha}(\alpha m - 1) = [\alpha m] + \frac{1}{\alpha} \cdot \alpha m - \frac{1}{\alpha} =$$
$$[(\alpha+1)m] - \frac{1}{\alpha} > [\beta m] - 1$$
故 $[\alpha[\alpha m]] \geqslant [\beta m] - 1$，综合以上有 $[\alpha[\alpha m]] = [\beta m] - 1$，所以
$$f(2m) = [\alpha(2m)] = \left[\frac{1+\sqrt{5}}{2}(2m)\right] =$$
$$[(1+\sqrt{5})m] = m + [\sqrt{5}\,m]$$

例 3 1907 年数学家威索夫 (Wythoff) 发明了一种两个人玩的游戏，有个数任意的两堆物体，两个局中人按下列规则来轮流操作. 规则如下：(1) 可以由一堆中取任意个（一次全部拿走也行，但不能一个不拿）. (2) 可以从两堆中拿走同样多物体（个数也是任意的，

但不能少于 1).

这样,谁取走最后一个物体,那么谁获胜.

如果我们用有序数对 (k,l) 表示两堆中分别有 k 个和 l 个物体,则上述操作规则相当于:i) $(k-t,l)$; ii) $(k,l-t)$; iii) $(k-t,l-t)$,其中 $t \geqslant 1$,我们将状态 (k,l) 称为一个局势.

我们将用"试题"的结论去证明:存在一种着法(操作手段)使得对某一类局势先着者必胜,对另一类局势后着者必胜.

如果将先着者必胜的局势称为非奇异局势,后着者必胜的局势称为奇异局势,我们说例 2 中的 $f(n)$ 与 $g(n)$ 即可构成奇异局势的两个分量. 即奇异局势 (a_n, b_n) 中,$a_n = f(n) = [\alpha n]$,$b_n = g(n) = [\beta n]$. 例如

$$a_{100} = [100\alpha] = \left[100 \times \frac{1+\sqrt{5}}{2}\right] =$$
$$[100 \times 1.618\ 033\ 98\cdots] = 161$$

而

$$b_{100} = [100\beta] = \left[100 \times \frac{3+\sqrt{5}}{2}\right] =$$
$$[100 \times 2.618\ 033\ 98\cdots] = 261$$

很容易计算出前面的一些奇异局势如表 1 所示.

表 1

n	0	1	2	3	4	5	6	7	8	9	10	11	12	13	14	15	16	17
a_n	0	1	3	4	6	8	9	11	12	14	16	17	19	21	22	24	25	27
b_n	0	2	5	7	10	13	15	18	20	23	26	28	31	34	36	39	41	44

从表 1 中我们可以观察出奇异局势的三个特征:

i) $a_0 = b_0 = 0$;

Beatty Theorem and Lambek-Moser Theorem

ii) 奇异局势 $(a_n, b_n)(n=1,2,\cdots)$ 的分量 a_n 为在前 n 个奇异局势 $(a_0, b_0), (a_1, b_1), \cdots, (a_{n-1}, b_{n-1})$ 中从未出现的最小自然数;

iii) $b_n = a_n + n$.

i) 是显然的,我们仅证明 iii),ii) 请读者自证. 事实上

$$b_n - a_n = [n\beta] - [n\alpha] = [n\alpha]^2 - [n\alpha] = [n(1+\alpha)] - [n\alpha] = [n + n\alpha] - [n\alpha] = n + [n\alpha] - [n\alpha] = n$$

另外由奇异局势的构造法和例 2 的结论可知:对任意一个自然数 k,它必出现且仅出现在一个奇异局势中.据此我们有如下的引理:

引理 1 (1) 威索夫游戏中的任意着法都使奇异局势变为非奇异局势;

(2) 对任一非奇异局势,采用适当的着法,可将其变为奇异局势.

证明 先证(1).若奇异局势 (a_n, b_n) 经操作一次后得到的局势 $(a_n - t, b_n)(t \geqslant 1)$ 仍为奇异局势,则 b_n 同时出现在两个奇异局势中,这是不可能的,故 $(a_n - t, b_n)(t \geqslant 1)$ 为非奇异局势.

同理 $(a_n, b_n - t)(t \geqslant 1)$ 亦为非奇异局势.

若奇异局势 (a_n, b_n) 经一次操作变为 $(a_n - t, b_n - t)(t \geqslant 1)$,则 $a_k - b_k = (a_n - t) - (b_n - t) = a_n - b_n = n \neq k$. 由奇异局势的特征 iii) 知,$(a_n - t, b_n - t)$ 为非奇异局势.

再证(2). 如果给定的非奇异局势为 $(m, m), m \neq 0$,那么,令 $t = m$,作如下操作 $(m - t, m - t) = (0,0)$ 后变为奇异局势.

13

如果给定的非奇异局势(m,k),$m<k$,分以下几种情况讨论：

i)$m=a_n$,$k>a_n+n=b_n$,显然只需令$t=k-b_n$.再作如下操作$(m,k-t)$,就给出了奇异局势(a_n,b_n).

ii)$m=a_n$,$k<a_n+n$,即$k-a_n=k-m=l<n$,这时只需令$t=a_n-a_l$,作如下操作
$$(m-(a_n-a_l),k-(a_n-a_l))=(a_l,a_l+l)=(a_l,b_l)$$
也得到了奇异局势.

iii)$m=b_n$,则令$t=k-a_n$,再施行操作$(m,k-t)$可得奇异局势(b_n,a_n),亦即(a_n,b_n).

定理 6 在威索夫游戏中的两对弈者,如果都采用正确的着法,那么胜负将由初始局势所确定.即如果初始局势是非奇异的,则先着者必胜；若初局是奇异的,后着者必胜.

证明 由引理 1 可知任何一个对弈者只要面对奇异局势又行了一着,那么他将会使局势变为非奇异的,而他的对手总有办法再行一着使局势恢复为奇异的.且对手间每次操作后,总使局势中的分量之和a_n+b_n逐渐减少,由于初始局势的分量和为一有限值,所以一定存在那样一个时刻使得局势为$(a_0,b_0)=(0,0)$.由于当初始值为奇异局势时,先着者总是将局势变为非奇异的,而后着者又总有办法将局势变回到奇异的,但$(0,0)$是奇异的,所以后着者必胜.

同理当局势初始时为非奇异的,因先着者总有办法使之变为奇异的,所以仿上推理知,先着者必胜.

此定理要求对弈时我们手里应有一张大范围的奇异局势表.

§4 互补序列与可逆序列

我们在前几节讨论的均是具有以下两性质：i)$\{a_n\} \cup \{b_n\} = \mathbf{N}$；ii)$\{a_n\} \cap \{b_n\} = \varnothing$ 的两序列$\{a_n\}$和$\{b_n\}$. 我们形象地将这两个序列称为互补序列. 数学家 J·拉姆贝克(Lambek)与 L·莫斯尔(Leo Moser)深入研究了这种序列，发表了如下的有趣结果：

拉姆贝克-莫斯尔定理 设 $f(n)$ 是一个 $\mathbf{N} \to \mathbf{N}$ 的不减函数，其中 $\mathbf{N} = \mathbf{Z}_+ + \{0\}$，定义 $f^*(n) = |\{k \mid f(k) < n\}|$，其中 $|Z|$ 表集合 Z 中元素的个数，记 $F(\mathbf{N})$ 和 $G(\mathbf{N})$ 分别为两函数 $F(n) = f(n) + n, G(n) = f^*(n) + n$ 的值域，则 $F(\mathbf{N})$ 与 $G(\mathbf{N})$ 是互补的.

证明 易见 $f^*(n)$ 可等价地表示为 $\max\{k \mid f(k) < n\}$. 显然 $f^*(n)$ 是不减的，又 $f(n)$ 是不减的，故 $F(n)$ 与 $G(n)$ 为严格递增函数.

以下验证：i)$F(\mathbf{N}) \cup G(\mathbf{N}) = \mathbf{N}$；ii)$F(\mathbf{N}) \cap G(\mathbf{N}) = \varnothing$.

i) 若存在 $\alpha \geqslant 1, \alpha \in \mathbf{N}$ 但 $\alpha \notin F(\mathbf{N})$，即不存在一个 β，使得 $\alpha = f(\beta) + \beta$. 我们分两种情况讨论.

1)$\alpha \leqslant f(0) + 0 = f(0)$，这时注意到 $f(n)$ 的不减性，知不存在这样的整数 k 使 $f(k) < \alpha$，则由 $f^*(n)$ 的定义知 $f^*(\alpha) = 0$，且 $\alpha = f^*(\alpha) + \alpha$，则 $\alpha \in G(\mathbf{N})$.

2)$\alpha > f(0) + 0$，这时注意到 $f(n)$ 的不减性，一定存在一个 $\alpha \in \mathbf{Z}_+$，使得 $f(p) + p < \alpha < f(p+1) + p + 1$. 由于不等式中各项均为整数，所以有
$$f(p) + p < \alpha \leqslant f(p+1) + p \Rightarrow$$

$$f(p) < \alpha - p \leqslant f(p+1) \qquad (6)$$

当 $p=0$ 时,式(6)变为

$f(0) < \alpha \leqslant f(1) \Rightarrow f^*(\alpha) = 0 \Rightarrow \alpha = f^*(\alpha) + \alpha \Rightarrow \alpha \in G(\mathbf{N})$

当 $p \geqslant 1$ 时,由式(6)可得 $p = f^*(\alpha - p)$,并且由于 $\alpha - p > f(p) \geqslant 0 \Rightarrow \alpha - p \geqslant 1 \Rightarrow \alpha = (\alpha - p) + p = (\alpha - p) + f^*(\alpha - p) \Rightarrow \alpha \in G(\mathbf{N})$.

综合以上可知结论 i) 成立.

ii) 我们只需证:如果某一 $\beta \in \mathbf{N}$,且 $\beta \geqslant 1$. β 若在 $G(\mathbf{N})$ 中,则它一定不在 $F(\mathbf{N})$ 中.

若 $\beta \in G(\mathbf{N})$,则存在 $\gamma \in \mathbf{N}$,使得 $\beta = f^*(\gamma) + \gamma$,$\beta \geqslant 1, \gamma \geqslant 1$,有

$$\beta - \gamma = f^*(\gamma) \qquad (7)$$

若 $\beta = \gamma$,则式(7)变为 $0 = f^*(\gamma) = f^*(\beta)$.就是说不存在整数 $q \geqslant 1$,使得 $f(p) < \beta \Rightarrow f(1) \geqslant \beta$. 再注意到 f 是不减的,所以我们有:对于所有 $s \geqslant 1, f(s) + s > \beta \Rightarrow \beta \notin F(\mathbf{N})$.

若 $\beta - \gamma \geqslant 1$,由(7)并顾及到 f^* 的定义有

$$f(\beta - \gamma) < \gamma \leqslant f(\beta - \gamma + 1)$$

将上式各项加上 $\beta - \gamma$ 得

$\beta - \gamma + f(\beta - \gamma) < \beta \leqslant \beta - \gamma + f(\beta - \gamma + 1) < \beta - \gamma + 1 + f(\beta - \gamma + 1)$

所以我们可以断言,对所有 $q = \beta - \gamma \geqslant 1, \beta \notin F(\mathbf{N})$.

综合 i)、ii) 可知命题为真.

在拉姆贝克-莫斯尔定理中的 f^* 与 f 被称为互逆序列,因为可以证明 $f^{**} = f$,即:

设 $f^*(y) = \max\{x \geqslant 0 \mid f(x) \leqslant y\}$,当 $x \geqslant 0$,$f(x)$ 是一个严格递增函数时,有 $f^*(f(x)) = x$.

事实上,设 $f(x_0)=n$. 现在 $f^*(n)=$ 使得 $f(x)$ 小于等于 n 的最大 x, 亦即, 使得 $f(x)$ 小于等于 $f(x_0)$ 的最大的 x. 显然, x_0 是满足这个不等式的一个值. 因为 f 是严格递增的, 所以 x_0 就是最大的这样的 x. 于是 $f^*(n)=f^*(f(x_0))=x_0$, 对任意 x_0 都成立.

对于互逆序列我们有下面拉姆贝克-莫斯尔定理的逆定理:

逆定理 如果 $F(n)$ 与 $G(n)$ 是互逆序列, 则序列 $f(n)=F(n)-n, g(n)=G(n)-n$ 是互逆的. 即 $g(n)=f^*(n), f(n)=g^*(n)$.

例 4 求证:在正整数列删去所有的完全平方数后, 第 n 项等于 $n+\langle\sqrt{n}\rangle$, 其中 $\langle\sqrt{n}\rangle$ 表示最接近 $\sqrt{n}$ 的整数.

证明 此问题可转化为:对于两个互补序列
$$F(n):1,4,9,16,25,36,49,\cdots$$
$$G(n):2,3,5,6,7,8,10,\cdots$$
求证:序列 $G(n)$ 的第 n 项公式为
$$G(n)=n+\langle\sqrt{n}\rangle$$

只需构造两个互逆序列 f 与 f^*, 如果我们得到了 $f^*(n)$ 的公式, 则由 $G(n)=f^*(n)+n$, $G(n)$ 的公式立即可得. $f(m)=F(m)-m=m^2-m$, 由 f^* 的定义, 并注意到 $m(m-1)$ 的递增性
$$f^*(n)=\max\{m \mid f(m)<n\}=$$
$$\max\{m \mid F(m)-m<n\}=$$
$$\max\{m \mid m^2-m<n\}=$$
$$\max\{m \mid m(m-1)<n\}$$

因为 $m,n\in \mathbf{Z}_+$, 所以
$$\max\{m \mid m(m-1)<n\}=$$

$$\max\{m \mid m^2 - m < n - \frac{1}{4}\} =$$

$$\max\{m \mid m^2 - m + \frac{1}{4} < n\} =$$

$$\max\{m \mid (m - \frac{1}{2})^2 < n\} =$$

$$\max\{m \mid m - \frac{1}{2} < \sqrt{n}\} =$$

$$\max\{m \mid m < \sqrt{n} + \frac{1}{2}\}$$

$$f^*(n) = \left[\sqrt{n} + \frac{1}{2}\right]$$

$$G(n) = f^*(n) + n = \left[\sqrt{n} + \frac{1}{2}\right] + n$$

现在证明：$\left[\sqrt{n} + \frac{1}{2}\right] = \langle \sqrt{n} \rangle$.

事实上，存在 $k \in \mathbf{N}$，使 $k \leqslant \sqrt{n} < k+1$.

i) 若 $k \leqslant \sqrt{n} < k + \frac{1}{2}$，则

$$k + \frac{1}{2} \leqslant \sqrt{n} + \frac{1}{2} < k + 1$$

所以 $\left[\sqrt{n} + \frac{1}{2}\right] = k$.

ii) 若 $k + \frac{1}{2} \leqslant \sqrt{n} < k+1$，则

$$k + 1 \leqslant \sqrt{n} + \frac{1}{2} < k + 1 + \frac{1}{2}$$

所以 $\left[\sqrt{n} + \frac{1}{2}\right] = k+1$.

无论 i)、ii) 哪种情况，$\left[\sqrt{n} + \frac{1}{2}\right]$ 都是最接近 $\sqrt{n}$ 的整数.

Beatty Theorem and Lambek-Moser Theorem

§5 再谈数列的 N-互补性

上海市杨浦区教育学院的严华祥先生从另一个角度研究了这一问题.

我们先考察下列两对整数列 $\{a_n\}$ 和 $\{b_n\}$. 它们的通项依次为：

i) $a_n = 3n, b_n = n + \left[\dfrac{2n-1}{4}\right], n \in \mathbf{N}$, 这里 $[x]$ 表示不超过 x 的最大整数(下同).

ii) $a_n = n + [\ln n], b_n = n + [\mathrm{e}^n], n \in \mathbf{N}$, 这里 $\ln x$ 为自然对数, $\mathrm{e} = \lim\limits_{h \to 0}(1+h)^{\frac{1}{h}}$ 是自然对数的底. 它们的前 n 项如表 2 所示.

表 2

n	1	2	3	4	5	6	7	⋯
$3n$	3	6	9	12	15	18	21	⋯
$n+\left[\dfrac{2n-1}{4}\right]$	1	2	4	5	7	8	10	⋯
$n+[\ln n]$	1	2	4	5	6	7	8	⋯
$n+[\mathrm{e}^n]$	3	9	23	58	153	409	1 103	⋯

发现在每一对数列中，任一个自然数恰好出现一次. 就是说，一对数列中每个数列的项不相同，构成的集合 $\{a_n \mid n \in \mathbf{N}\}$ 和 $\{b_n \mid n \in \mathbf{N}\}$ 满足两条：

i) $\{a_n \mid n \in \mathbf{N}\} \bigcup \{b_n \mid n \in \mathbf{N}\} = \mathbf{N}$;

ii) $\{a_n \mid n \in \mathbf{N}\} \bigcap \{b_n \mid n \in \mathbf{N}\} = \varnothing$.

如前述我们称这样的一对数列为 N-互补的.

这两对数列的问题及与此有关的问题引出了一个猜测,一个一般的结论,想法是从第二对数列提出来的.

第二对数列的证明相当难,但它的形式很有启发性,若令 $\varphi(x)=\ln x$,则其反函数 $\varphi^{-1}(x)=e^x$. 从而 $a_n=n+[\varphi(n)]$,$b_n=n+[\varphi^{-1}(n)]$. 第一对数列也可有类似的关系,于是有了下面的一般化结果.

定理 7 设 $\varphi(x)$ 是定义在 $(0,+\infty)$ 上的严格单调增函数,值域包含区间 $[1,+\infty)$,且对任意的 $n\in\mathbf{N}$ 有 $\varphi(n)\notin\mathbf{Z}$,那么数列 $f(n)=n+[\varphi(n)]$ 与 $g(n)=n+[\varphi^{-1}(n)](n\in\mathbf{N})$ 是 $\mathbf{N}$-互补的.

证明 显见,$f(n)$ 与 $g(n)$ 是 n 的单调函数,故只需证明:

i) 对任何 $m,n\in\mathbf{N}$,有 $f(m)\neq g(n)$. 用反证法:

若 $f(m)=g(n)$. 对某 $m,n\in\mathbf{N}$ 成立,即 $m+[\varphi(m)]=n+[\varphi^{-1}(n)]$. 令 $k=[\varphi(m)]$,$l=[\varphi^{-1}(n)]$,则有 $\varphi(m)=k+\alpha$,$\varphi^{-1}(n)=l+\beta$. 且因为 $\varphi(m)$ 和 $\varphi^{-1}(n)\notin\mathbf{Z}$,有 $0<\alpha,\beta<1$ 及 $\varphi(l+\beta)=n$. 从而有

$$m+\varphi(m)>m+[\varphi(m)]=n+[\varphi^{-1}(n)]+1=$$
$$\varphi(l+\beta)>\varphi(l)+1$$

由 $\varphi(x)$ 的单调性知 $m>l$,即 $m\geq l+1$. 所以 $m+[\varphi(m)]\geq l+1+[\varphi(l+1)]=$

$$[\varphi^{-1}(n)]+[\varphi(l+1)]+1\geq$$
$$[\varphi(1+\beta)]+1=[\varphi^{-1}(n)]+n+1$$

即 $f(n)\geq g(n)+1$,与 $f(m)=g(n)$ 矛盾.

ii) 证明:对任何 $k(k\in\mathbf{N})$ 恰是某个 $f(n)$ 或 $g(n)$.

考虑到 $\varphi(x)$ 是单调增的. 若 $\varphi(1) > 1$, 必有 $\varphi^{-1}(1) < 1$. 即 $\varphi(1)$ 与 $\varphi^{-1}(1)$ 中恰有一个小于 1, 不妨设 $\varphi(1) < 1$. 从而 $f(1) = 1 + [\varphi(1)] \leqslant 1$. 如果对 $k \in \mathbf{N}$, 有 $k \notin \{f(n) \mid n \in \mathbf{N}\}$. 下面寻求 l, 使 $g(l) = k$.

显见, $\{n \in \mathbf{N} \mid f(n) < k\} \neq \varnothing$ (注意, 若 $k = 1$, 则 $f(1) < 1$). 于是可令 $n_0 = \max\{n \in \mathbf{N} \mid f(n) < k\}$, 则有不等式
$$k_0 = f(n_0) < k < f(n_0 + 1) = k'$$
从而, $k_0 + 2 \leqslant k + 1 \leqslant k'$. 就有
$$k' - k_0 \geqslant 2$$
$$k_0 = f(n_0) = n_0 + [\varphi(n_0)] <$$
$$k < n_0 + 1 + [\varphi(n_0 + 1)] = k'$$
所以
$$k_0 - n_0 = [\varphi(n_0)] < k - n_0 <$$
$$1 + [\varphi(n_0 + 1)] = k' - n_0$$
$$\varphi(n_0) < k - n_0 \leqslant [\varphi(n_0 + 1)] < \varphi(n_0 + 1)$$
因为 $\varphi^{-1}(n)$ 与 $\varphi(x)$ 一样也是单调增的, 两边取 φ^{-1}, 则有 $n_0 < \varphi^{-1}(k - n_0) < n_0 + 1$, 所以 $[\varphi^{-1}(k - n_0)] = n_0$. 取 $l = k - n_0$, 则 $l + n_0 = k$, 从而有 $l + [\varphi^{-1}(l)] = k$, 即 $g(l) = k$.

由定理 7, 第二对数列 $\mathbf{N}$-互补就易证了, 因为 $\varphi(x) = e^x$ 单调递增, 定义域取 $[0, +\infty)$ 时, 值域包含 $[1, +\infty)$. 对自然数 $n > 1$, $e^n \notin \mathbf{Z}$, 其反函数 $\varphi^{-1}(x) = \ln x$. 考虑到 $n = 1, 2, 3$ 在表中已列出, 可见 $f(n) = n + [\varphi(n)]$ 和 $g(n) = n + [\varphi^{-1}(n)]$ 为 $\mathbf{N}$-互补数列.

至于第一个数列, 从 $a_n = 3n$, 有 $[\varphi(n)] = 2n$, 但若取 $\varphi(x) = 2x$, 会有 $\varphi(n) = 2n \in \mathbf{N}$, 就不符合定理 7 的要求, 由 $b_n = n + \left[\dfrac{2n-1}{4}\right]$ 有 $[\varphi(n)] = \left[\dfrac{2n-1}{4}\right]$, 取

$\varphi(x) = \dfrac{2x-1}{4}$,则 $\varphi^{-1}(x) = 2x + \dfrac{1}{2}$,$\varphi(n) = \dfrac{2n-1}{4} \in \mathbf{Z}(n \notin \mathbf{N})$,且 $\varphi(x)$ 的定义域和值域也符合定理 7 的要求,并且

$$f(n) = n + [\varphi(n)] = n + \left[\dfrac{2n-1}{4}\right] = b_n$$

$$g(n) = n + [\varphi^{-1}(n)] = n + \left[2n + \dfrac{1}{2}\right] = 3n = a_n$$

由定理 7,$f(n)$ 与 $g(n)$ 是 $\mathbf{N}$-互补的,$\{a_n\}$ 与 $\{b_n\}$ 也就 $\mathbf{N}$-互补.

定理 7 的证明中多次用到 $\varphi(n) \notin \mathbf{Z}$ 的性质,这是重要的. 例如

$$a_n = n + \left[\sqrt{n^3 + 1}\right], b_n = n + \left[\sqrt[3]{n^2 - 1}\right] \quad n \in \mathbf{N}$$

它们的前 n 项如表 3 所示.

表 3

n	1	2	3	4	5	6	7	8	9	10	…
$n + \left[\sqrt{n^3+1}\right]$	2	5	8	12	16	20	25	30	36	41	…
$n + \left[\sqrt[3]{n^2-1}\right]$	1	3	5	6	7	9	10	11	13	14	…

它们的项中没有 4,却有 $a_2 = b_3 = 5$,因为不定方程 $y^2 = x^3 + 1$ 的整数解只有 $x=2, y=3$(由 $x^3 = (y-1)(y+1)$ 可看出),所以这一对数列除此之外,所有自然数都出现一次,改动一点,使

$$a_n = n + \left[\sqrt{n^3 + \dfrac{1}{2}}\right], b_n = n + \left[\sqrt[3]{n^2 - \dfrac{1}{2}}\right]$$

就 $\mathbf{N}$-互补了.

由定理 7,容易得到下面的:

推论 若 $\alpha > 0, \beta > 0$ 为无理数,且 $\dfrac{1}{\alpha} + \dfrac{1}{\beta} = 1$,

则数列 $[n\alpha]$ 和数列 $[n\beta]$ 是 **N**-互补的.

证明是简单的,由 $\dfrac{1}{\alpha}+\dfrac{1}{\beta}=1$ 构造 $\varphi(x)$. 使 $f(n)=[n\alpha],g(n)=[n\beta]$. 这只要令 $\varphi(x)=(\alpha-1)x$. 这是正比例函数,且易见 $\alpha>1,\varphi(x)$ 单调递增,满足定理 7 对 $\varphi(x)$ 的全部条件,这时的 $\varphi^{-1}(x)=\dfrac{x}{\alpha-1}$. 而由 $\dfrac{1}{\alpha}+\dfrac{1}{\beta}=1$,得

$$\beta=\frac{\alpha}{\alpha-1}$$

$$g(n)=n+[\varphi^{-1}(n)]=[n+\varphi^{-1}(n)]=$$
$$\left[n+\frac{n}{\alpha-1}\right]=\left[n\cdot\frac{\alpha}{\alpha-1}\right]=[n\beta]$$
$$f(n)=n+[\varphi(n)]=[n+(\alpha-1)n]=[n\alpha]$$

由定理 7 知 $f(n)$ 与 $g(n)$ 是 **N**-互补的,即 $[n\alpha]$ 与 $[n\beta]$ 是 **N**-互补的.

例 5 从自然数集 **N** 中"筛选"数列 $\{a_n\}$:设 $a_1=1$,删去 $b_1=a_1+k$,其中 k 是某个自然数,接着取 a_2 为 **N** 中除去 a_1,b_1 后最小的数,删去 $b_2=a_2+2k$,取 a_3 为 **N** 中除去 a_1,a_2,b_1,b_2 后最小的数,删去 $b_3=a_3+3k$,如此继续下去,得到数列 $\{a_n\}$,求 a_n 的表达式.

解 由数列 $\{a_n\}$ 与 $\{b_n\}$ 的构成,知它们是 **N**-互补的,$\{a_n\}$ 的唯一性是明显的,用构造法,给其一个形式,找出通项来:令 $a_n=[n\alpha]\,(\alpha>0,\alpha\notin\mathbf{Q})$,则

$$b_n=a_n+nk=[n\alpha]+nk=[n(\alpha+k)]$$

再令 $\beta=\alpha+k\notin\mathbf{Q}$. 由 $\dfrac{1}{\alpha}+\dfrac{1}{\beta}=1$,求得

$$\alpha=\frac{1}{2}(2-k+\sqrt{k^2+4})>0$$

由于 $k>0$ 为自然数,k^2+4 不是完全平方数,从而 α 是

一个正的无理数,又$\{a_n\}$与$\{b_n\}$互补,故$a_n=[n\alpha]$为所求.

由定理 7 可以编拟和解答下列问题:

i) 任何一个公差$d=k-1,a_1\in \mathbf{N}$的等差数列都有一个形如$b_n=n+[\varphi(n)]$的 $\mathbf{N}$-互补数列(取$\varphi(x)=(k-1)x+a_1-k+\alpha,\alpha>0$为无理数).

ii) 已知数列$\{a_n\}$的通项
$$a_n=n+\left[\csc\frac{\pi}{2(n+1)}\right]$$
数列$\{b_n\}$的通项
$$b_n=n-1+\left[\frac{2}{\pi}\arcsin\frac{1}{n}\right]$$
则$\{a_n\}$与$\{b_n\}$是 $\mathbf{N}$-互补的.

iii) 数列$\{a_n\}$的通项$a_n=3n^2-2n$,数列$\{b_n\}$的通项$b_n=n+\left[\sqrt{\frac{n}{3}}+\frac{1}{2}\right],n\in\mathbf{N}$,则$\{a_n\}$与$\{b_n\}$是 $\mathbf{N}$-互补的.(取$\varphi(x)=\sqrt{\frac{x}{3}}+\frac{1}{2}$)

iv) 已知数列$\{a_n\}$的通项
$$a_n=n+\left[\sqrt{3n}+\frac{1}{2}\right]$$
数列$\{b_n\}$的通项
$$b_n=\left[\frac{n^2+2n}{3}\right]$$
则$\{a_n\}$与$\{b_n\}$是 $\mathbf{N}$-互补的.

提示:取$\varphi(x)=\sqrt{3x}+\frac{1}{2}$,则
$$\varphi^{-1}(x)=\frac{1}{3}(x-\frac{1}{2})^2$$

这时

$$b_n = n + [\varphi^{-1}(n)] = \left[n + \frac{n^2-n}{3} + \frac{1}{12}\right] =$$
$$\left[\frac{n^2+2n}{3} + \frac{1}{12}\right] = \left[\frac{n^2+2n}{3}\right]$$

可见这里的 $\varphi(x)$ 中所用常数 $\frac{1}{2}$ 还可以改为其他小于 1 的正数.

可见解决这些例题和练习题的关键在于构造函数 $\varphi(x)$,而它不唯一,因为我们只利用其函数值的整数部分.

§6 贝蒂定理与一道第 34 届 IMO 试题

在 1993 年举行的第 34 届 IMO 中的第 5 题为:

试题 2 设 $\mathbf{N}^* = \{1,2,3,\cdots\}$,论证是否存在一函数 $h: \mathbf{N}^* \to \mathbf{N}^*$,使得:

(1) $h(1) = 2$;

(2) $h(h(n)) = h(n) + n$,对一切 $n \in \mathbf{N}^*$ 成立;

(3) $h(n) < h(n+1)$,对一切 $n \in \mathbf{N}^*$ 成立.

从公布的解答来看,有一种很唐突的感觉,因为它一开始就构造了一个函数

$$h(n) = \left[\frac{\sqrt{5}+1}{2}n + \frac{\sqrt{5}-1}{2}\right]$$

(其中 $[x]$ 表示高斯(Gauss)函数),然后逐条验证它满足题中的条件(解答见《中等数学》1993 年第 5 期或《福建中学数学》1993 年第 6 期),这两个解答都像一块

"飞来之石"来路不明,给人以很大的疑问,这个函数是怎么想到的?

苏联教育专家苏霍姆林斯基说:"你要使你的学生……面前出现疑问,如果你能做到这一点,事情就成功了一半."(《谈教师的建议》)所以我们要珍惜这个疑问,要回答这个问题必须从 1978 年在罗马尼亚举行的第 20 届 IMO 中英国所提供的第 3 题的解法谈起.

试题 3 设 $f, g: \mathbf{Z}_+ \to \mathbf{Z}_+$ 是严格递增函数,且
$$f(\mathbf{Z}_+) \cup g(\mathbf{Z}_+) = \mathbf{Z}_+$$
$$f(\mathbf{Z}_+) \cap g(\mathbf{Z}_+) = \varnothing$$
$$g(n) = f(f(n)) + 1$$

求 $f(2n)$.($\mathbf{Z}_+$ 是正整数集合,$\varnothing$ 是空集)

此题有多种解法,但比较有价值的解法是利用贝蒂定理的解法(见互补与互逆序列,《湖南数学通讯》1992 年第 4 期),其解法的关键是导出 $g(n)$ 与 $f(n)$ 的一个关系式,即
$$g(n) = f(n) + n \tag{8}$$
又注意到已知条件中的 $g(n) = f(f(n)) + 1$,故有
$$f(f(n)) + 1 = f(n) + n \tag{9}$$
而这与试题 2 中的条件(2)何其相似,有相似的条件必有相似的结果,试题 3 最后的答案为
$$f(n) = \left[\frac{\sqrt{5}+1}{2} n \right]$$
$$g(n) = \left[\frac{\sqrt{5}+3}{2} n \right]$$

其中显然 $f(n+1) > f(n)$ 与试题 2 中的条件(3)相

似,以上的解题经验告诉我们,可以猜测:$h(n)$ 应与 $f(n)$ 差不多,由 $h(1)=2, f(1)=1, h(1)=f(1)+1$,一般会猜测:$h(n)=f(n)+1$.

但遗憾的是验证不了它满足试题 2 中的条件(3). 所以我们必须换一种猜测,注意到 $f(2)=3, h(1)=3-1=f(2)-1$,故可猜测 $h(n)=f(n+1)-1$,即 $f(n+1)=h(n)+1$,剩下的只需验证 $h(n)$ 满足试题 2 中的条件(2)和(3)即可.

由试题 3 的证明,有
$$f(f(n))=f(n)+n-1 \Leftrightarrow f(h(n-1)+1)=$$
$$h(n-1)+n \Leftrightarrow h(h(n-1))+1=$$
$$h(n-1)+n \Leftrightarrow$$
$$h(h(n-1))=h(n-1)+(n-1)$$
即
$$h(h(n))=h(n)+n$$
再由 $f(n)$ 的递增性可推知 $h(n)$ 的递增性,至此
$$h(n)=f(n+1)-1=\left[\frac{\sqrt{5}+1}{2}(n+1)\right]-1=$$
$$\left[\frac{\sqrt{5}+1}{2}n+\frac{\sqrt{5}+1}{2}-1\right]=$$
$$\left[\frac{\sqrt{5}+1}{2}n+\frac{\sqrt{5}-1}{2}\right]$$

完全符合试题 2 的三个条件. 所以从这个意义上讲试题 2 与试题 3 是等价的. 即严格来说试题 2 并不是一个新题.

单墫教授给出了一个易于接受的叙述过程.

这是一个需要判断的问题. 满足要求的函数是否存在? 如果存在,它是什么? 如果不存在,为什么?

面对一个难题,解决的方法只有先"尝试"(有一位

哲人说过:"自古成功在尝试").

尝试(也就是探索)应从简单情况入手. 最简单的情况莫过于一次函数 $h(n)=an+b$, 而 $b=0$ 则是它最简单的情况. 因此, 不妨设 $h(n)=an(n\in \mathbf{N})$ 试试. 由于试题 2 中的条件(3)的要求, 函数递增, 所以, a 应当大于 0.

$a=1$ 时, $h(n)=n$, 这时, $h(1)=1$, 不符合试题 2 中的条件(1).

$a=2$ 时, $h(n)=2n$. 此时试题 2 中的条件(1)和(3)满足, 条件(2)怎样呢?

$h(h(n))=2f(n)=f(n)+f(n)=f(n)+2n$, 很遗憾, 试题 2 中的条件(2)不满足!

更大的 a, 导致比 $h(n)+2n$ 更大的 $h(h(n))$, 因此, 没有使试题 2 中的条件(2)成立的 a.

$h(n)=an+b(a>0, b\neq 0)$ 也不能使试题 2 中的条件(2)成立, 这是因为, 这样将导致

$$h(h(n))=ah(n)+b=a(an+b)+b=$$
$$a^2n+(ab+b)=$$
$$(an+b)+n=(a+1)n+b$$

即 $(a^2-a-1)n=-ab \quad n\in \mathbf{N}$

显然, 上式是不可能成立的.

一次函数不能满足要求, 能否断言满足要求的函数不存在了呢? 不能, 线性函数不满足要求, 其他函数还可能满足要求. 如果将次数升高, 比如二次函数

$$h(n)=an^2+bn+c \quad a\neq 0$$

此时, $h(h(n))$ 变成 4 次, 条件(2)更不能成立, 由此断定, 次数不能升高, 还是回到一次较接近目标. (因为 $h(n)=2n$ 已满足条件(1). 但在 $a=1$ 及 $a\geqslant 2$ 时尝试

都告失败,真是"山重水复疑无路"了。)

仔细回顾一下,$a=1$ 太小,$a=2$ 又大了。a 在 $1,2$ 之间如何呢? 这样就必须放弃 a 为整数的要求(这一限制是我们自己加的,可以放弃)。为探索 a,用待定系数法。

对于 $h(n)=an$,有 $h(h(n))=a^2 n$。要使条件(2)成立,即 $a^2 n=an+n$,我们应取

$$a=\frac{\sqrt{5}+1}{2}$$

遗憾的是 $h(n)=\frac{\sqrt{5}+1}{2}n$ 不是整值函数,它的值是无理数,虽然它能使条件(2)成立。

我们真是陷入"顾此失彼"的绝境。

冷静分析题目对 $h(n)$ 的三个要求。条件(2)是关键,既然 $h(n)=\frac{\sqrt{5}+1}{2}n$ 满足不了条件(2),千万不要轻易放弃。

为使 $f(n)$ 为整值,这并不难,取

$$h(n)=\left[\frac{\sqrt{5}+1}{2}n\right]$$

这里 $[x]$ 表示不超过 x 的最大整数。

它首先满足条件(3),但 $f(1)=1\neq 2$,为此,修正它,令

$$h(n)=\left[\frac{\sqrt{5}+1}{2}n\right]+1$$

此时,$h(n)$ 满足条件(1)和(3)。而

$h(h(n))=\left[\frac{\sqrt{5}+1}{2}h(n)\right]+1=$

$$\left[\frac{\sqrt{5}-1}{2}h(n)\right]+h(n)+1=$$

$$\left[\frac{\sqrt{5}-1}{2}\left[\frac{\sqrt{5}+1}{2}n\right]+\frac{\sqrt{5}-1}{2}\right]+h(n)+1=$$

$$\left[n-\frac{\sqrt{5}-1}{2}\{\frac{\sqrt{5}+1}{2}n\}+\frac{\sqrt{5}-1}{2}\right]+$$

$$h(n)+1=h(n)+n+1$$

不满足条件(2),但已相差不远,再作"微调",令

$$h(n)=\left[\frac{\sqrt{5}+1}{2}n+b\right] \quad 0<b<1$$

这时

$$h(h(n))=\left[\frac{\sqrt{5}+1}{2}h(n)+b\right]=$$

$$\left[\frac{\sqrt{5}-1}{2}h(n)+b\right]+h(n)=$$

$$\left[\frac{\sqrt{5}-1}{2}\left[\frac{\sqrt{5}+1}{2}n+b\right]+b\right]+h(n)=$$

$$h(n)+n+$$

$$\left[b+\frac{\sqrt{5}-1}{2}b-\frac{\sqrt{5}-1}{2}\cdot\{\frac{\sqrt{5}+1}{2}n+b\}\right]$$

这里 $\{x\}=x-[x]$,当 x 为无理数时,$\{x\}$ 表示一个 0,1 之间的纯小数.

我们希望上式中 $[\cdots]$ 为 0,则

$$0<\frac{\sqrt{5}+1}{2}b-\frac{\sqrt{5}-1}{2}\{\frac{\sqrt{5}+1}{2}n+b\}<1$$

为此,取 $b=\dfrac{1}{\dfrac{\sqrt{5}+1}{2}}=\dfrac{\sqrt{5}-1}{2}$,此时

$$\frac{\sqrt{5}+1}{2}n+b=\frac{\sqrt{5}+1}{2}n+\frac{\sqrt{5}-1}{2}=$$

$$\frac{\sqrt{5}+1}{2}(n+1)-1$$

是无理数. 从而

$$0 < \{\frac{\sqrt{5}+1}{2}n+b\} < 1$$

更有

$$0 < \frac{\sqrt{5}-1}{2}\{\frac{\sqrt{5}+1}{2}n+b\} < 1$$

因此

$$0 < \frac{\sqrt{5}+1}{2}b - \frac{\sqrt{5}-1}{2}\{\frac{\sqrt{5}+1}{2}n+b\} < 1$$

从而

$$h(n) = \left[\frac{\sqrt{5}+1}{2}n + \frac{\sqrt{5}-1}{2}\right]$$

就满足所有要求,它就是所求函数.

§7 几种不同解法

1981 年,香港大学数学系的杨森茂教授和福建师范大学数学系副教授陈圣德合作编译了《第一届至第二十二届国际中学数学竞赛题解》,其中给出了两个解法. 值得一提的是, 陈圣德先生在刚刚完成书稿于 1981 年 10 月不幸病故. 记录于此,以示纪念.

解法 1 由题设知

$$f(1) < f(2) < f(3) < \cdots < f(n) < \cdots$$
$$g(1) < g(2) < g(3) < \cdots < g(n) < \cdots$$
$$u \leqslant f(u) \leqslant f[f(u)] < g(u) \quad (10)$$

现在先算出开头的几个函数值. 显然

$$f(1)=1, g(1)=f(1)+1=2$$

因为 $g(2)>f(2)>f(1)$,而 3 必有一函数值和它相等,故 $f(2)=f(3)$,从而 $g(2)=f(3)+1$,于是得

$$f(3)=4, g(2)=5$$

再则 $g(3)=f(4)+1$,故得

$$f(4)=6, g(3)=7$$

依此推算下去,可得

$$f(5)=8, g(4)=9$$
$$f(6)=10, g(5)=11$$
$$f(7)=12, g(6)=13$$
$$\vdots$$

若 $f(s)=m$,则在首 m 个正整数中,f 值恰好出现 s 次,而在其余 $m-s$ 个正整数中,每一个必有一 g 值和它相等. 设 t 是满足不等式

$$g(t)<f(s) \tag{11}$$

的最大整数,则 $t=m-s$,即

$$f(s)=s+t \tag{12}$$

又因 $f[f(t)]+1=g(t)$,由式(11) 得

$$f[f(t)]<f(s)$$

由于 f 的严格单调性,上式等价于

$$f(t)<s \tag{13}$$

这里 t 是满足式(13) 的最大整数. 一般地讲,$f(t)$ 的值接近于 s,即

$$s \approx f(t) \tag{14}$$

以式(14) 除式(12) 的两边得

$$\frac{f(s)}{s} \approx 1+\frac{t}{f(t)}$$

这样我们就可以看出 f 的值和它的自变量的值的比约

等于下面方程的一个正根
$$x = 1 + \frac{1}{x}$$
或
$$x^2 - x - 1 = 0 \tag{15}$$
式(15)的正根为 $\frac{1}{2}(1+\sqrt{5})$,故
$$f(s) \approx \frac{1}{2}(1+\sqrt{5})s \tag{16}$$
计算得
$$f(1) \approx 1.6, f(2) \approx 3.2, f(3) \approx 4.9, f(4) \approx 6.4, \cdots$$
把这些值与前面算得的准确值进行比较,不难看出只要去掉近似值的小数部分,就都成为等式,即
$$f(s) = \left[\frac{1}{2}(1+\sqrt{5})s\right] \tag{17}$$
这里 $[x]$ 表示 x 的整数部分.

假如式(17)对于小于 s 的 t 成立,即
$$f(t) = \left[\frac{1}{2}(1+\sqrt{5})t\right]$$
则 t 是满足
$$\left[\frac{1}{2}(1+\sqrt{5})t\right] < s \tag{18}$$
的最大整数. 由于 s 是整数,故
$$\frac{1}{2}(1+\sqrt{5})t < s$$
或
$$t < \frac{2s}{1+\sqrt{5}} = \frac{1}{2}(\sqrt{5}-1)s \tag{19}$$
因为满足式(18)的最大整数亦即满足式(19)的最大整数,故

$$t = \left[\frac{1}{2}(\sqrt{5}-1)s\right]$$

于是由式(12)得

$$f(s) = s + \left[\frac{1}{2}(\sqrt{5}-1)s\right] = \left[s + \frac{1}{2}(\sqrt{5}-1)s\right] = \left[\frac{1}{2}(1+\sqrt{5})s\right]$$

这样就证明了对于任何 s,等式(17)都能成立.

令 $s=2u$,得

$$f(2u) = \left[(1+\sqrt{5})u\right]$$

解法 2 由题设知 f,g 的值都不互相重复,而且每一个正整数都有一个 f 值或 g 值和它相等,所以若 $g(n)=k$,则在首 k 个正整数中,g 值出现 n 次,f 值出现 $k-n$ 次. 又因 $g(n)=f[f(n)]+1$,故小于 $g(n)$ 的 f 值有 $f(n)$ 个. 由此可知 $f(n)=k-n$,即

$$g(n) = f(n) + n \tag{20}$$

由式(20)及解法 1,开头 n 个函数值就可以算出.

设在 $g(n-1)$ 和 $g(n)$ 之间有 t 个 f 值,则下面的一组函数值是连续整数

$$f(m-1), g(n-1), f(m), f(m+1), \cdots,$$
$$f(m+t-1), g(n)$$

由于

$$g(n-1) = f(m-1) + 1$$
$$g(n) = f(m+t-1) + 1$$

故有

$$f[f(n-1)] = f(m-1)$$
$$f[f(n)] = f(m+t-1)$$

又由于 f 的严格单调性,得

$$f(n-1) = m-1$$

Beatty Theorem and Lambek-Moser Theorem

$$f(n) = m + t - 1$$

于是 $m, m+1, \cdots, m+t-2$ 这 $t-1$ 个数是 g 的 $t-1$ 个值. 但由 $g(n) = f[f(n)] + 1$ 知两个 g 值之间至少有一个 f 值, 故 $t-1 = 0$ 或 1, 即 $t = 1$ 或 2. 故两个 g 值之间至多有两个 f 值. 由此又知

$$f(n) = f(n-1) + 1 \text{ 或 } f(n-1) + 2 \quad (21)$$

现在我们用归纳法证明不等式

$$[f(n)]^2 - nf(n) < n^2 < [f(n)+1]^2 - n[f(n)+1] \quad (22)$$

当 $n = 1$ 时, $f(1) = 1$, 式(22)显然成立.

假设当 $1 \leqslant n \leqslant s$ 时, 式(22)都成立. 当 $n = s + 1$ 时, 则由式(21)知 $f(s+1) = f(s) + j, j = 1$ 或 2.

情形 $1: f(s+1) = f(s) + 1$.

这时式(22)的左边可写成

$$[f(s)+1]^2 - (s+1)[f(s)+1] =$$
$$[f(s)]^2 - sf(s) + f(s) - s \quad (23)$$

由归纳假设, $[f(s)]^2 - sf(s) < s^2$, 又显然 $f(s) < 2s$, 故式(23)的左边小于

$$s^2 + f(s) - s < s^2 + s < (s+1)^2$$

这样就证明了式(22)左边的不等式.

因为 $f(s-1), g(t), f(s), f(s+1), g(t+1)$ 是连续整数, 故有

$$f[f(t)] = f(s-1)$$
$$f[f(t+1)] = f(s+1)$$

于是

$$f(t) = s - 1$$
$$f(t+1) = s + 1$$

所以存在

$$g(r) = s$$
$$f[f(r)] = s - 1 = f(t)$$
即 $f(r) = t$. 而
$$s = g(r) = f(r) + r = t + r$$
即 $r = s - t$. 又
$$f(s+1) = g(t+1) - 1 =$$
$$f(t+1) + (t+1) - 1 =$$
$$s + t + 1$$
所以
$$f(r) = t = f(s+1) - (s+1)$$
$$r = s - t = (2s + 1) - f(s+1)$$

因为 $r < s$, 所以由归纳假设, 式(22)右边不等式成立. 把 r 和 $f(r)$ 代入并移项得
$$r[f(r) + r + 1] < [f(r) + 1]^2$$
即
$$[2s + 1 - f(s+1)](s+1) < [f(s+1) - s]^2$$
展开并移项, 得
$$[f(s+1)]^2 - (s-1)f(s+1) - s > s^2 + 2s + 1$$
所以
$$[f(s+1) + 1]^2 - (s+1)[f(s+1) + 1] > (s+1)^2$$
这样, 式(22)右边的不等式也证明了.

情形 2: $f(s+1) = f(s) + 2$.
由于 $f(s), g(t), f(s+1)$ 是连续整数, 故
$$s = f(t)$$
$$f(s+1) = g(t) + 1 = f(t) + t + 1 = s + t + 1$$
即
$$t = f(s+1) - (s+1)$$

因为 $t \leqslant f(t) = s$, 所以由归纳假设, 式(22)右边的不等式成立. 把 t 和 $f(t)$ 代入得

$$t^2 < [f(t)+1]^2 - t[f(t)+1]$$

即
$$[f(s+1)-(s+1)]^2 < (s+1)^2 - [f(s+1)-(s+1)](s+1)$$

展开并移项得
$$[f(s+1)]^2 - (s+1)f(s+1) < (s+1)^2$$

这样就证明了式(22)左边的不等式. 再则
$$[f(s+1)+1]^2 - (s+1)[f(s+1)+1] =$$
$$[(f(s)+1)+2]^2 - (s+1)[f(s+1)+1] =$$
$$[f(s)+1]^2 - s[f(s)+1] + 3f(s) - 2s + 5 >$$
$$s^2 + 3f(s) - 2s + 5$$

要证明式(22)右边的不等式成立,只要证明
$$s^2 + 3f(s) - 2s + 5 > (s+1)^2$$

或
$$3f(s) - 4s + 4 > 0$$

现在
$$f(s) = f(s+1) - 2 = f(t) + t - 1$$
$$s = f(t)$$

故
$$3f(s) - 4s + 4 = 3f(t) + 3t - 3 - 4f(t) + 4 =$$
$$3t - f(t) + 1 > t + 1 > 0$$

至此,我们证毕不等式(22),此即
$$[f(s)]^2 - sf(s) - s^2 < 0$$
$$[f(s)+1]^2 - s[f(s)+1] - s^2 > 0$$

现在方程 $x^2 - sx - s^2 = 0$ 的正根为 $\frac{1}{2}(1+\sqrt{5})s$,

故若 $x > 0, x^2 - sx - s^2 < 0$,则 $x < \frac{1}{2}(1+\sqrt{5})s$;若

$x > 0, x^2 - sx - s^2 > 0$,则 $x > \frac{1}{2}(1+\sqrt{5})s$. 这证明

了

$$f(s) < \frac{1}{2}(1+\sqrt{5})s$$

$$f(s)+1 > \frac{1}{2}(1+\sqrt{5})s$$

因 $f(s)$ 是正整数,故

$$f(s) = \left[\frac{1}{2}(1+\sqrt{5})s\right]$$

令 $s=2u$,得

$$f(2u) = \left[(1+\sqrt{5})u\right]$$

以下解法选自江仁俊先生 1978 年在湖北省暨武汉市数学年会上所作的专题介绍.(见《国际数学竞赛试题讲解》湖北人民出版社)

解法 3 我们已经用过符号"$\Rightarrow$",它表示"由左端可推出右端",有时还在箭头上标出推理的根据或理由.

为了叙述的方便,我们将题给条件依次标记为

$$f,g:\mathbf{Z}_+ \to \mathbf{Z}_+ \text{ 为严格递增函数} \qquad (24)$$

$$f(\mathbf{Z}_+) \cup g(\mathbf{Z}_+) = \mathbf{Z}_+ \text{(正整数集)} \qquad (25)$$

$$f(\mathbf{Z}_+) \cap g(\mathbf{Z}_+) = \varnothing \text{(空集)} \qquad (26)$$

$$g(m) = f[f(m)]+1 \quad m \in \mathbf{Z}_+ \qquad (27)$$

下面分三个步骤来求 $f(2m)$.

第一步:求值列表.

由式(25)知

$$f(m) = \max\{f(1),f(2),\cdots,f(m)\}$$

因而显然有

$$f(m) \geqslant m \qquad (28)$$

而且,由式(28)知

$$f[f(m)] \geqslant f(m) \stackrel{(24)}{\Rightarrow} f[f(m)]+1 >$$

Beatty Theorem and Lambek-Moser Theorem

$$f(m) \overset{(27)}{\Rightarrow} g(m) > f(m) \qquad (29)$$

由式(24)(25)及(29)知 $f(1)=1$,故
$$g(1) = f[f(1)] + 1 = f(1) + 1 = 2$$

由式(24)与(26)分别得到
$$\left. \begin{aligned} f(2) &> f(1) \\ f(2) &\neq 2 = g(1) \end{aligned} \right\} \Rightarrow f(2) \geqslant 3$$

但若 $f(2) > 3$,则将产生矛盾,因为
$$f(2) > 3 \overset{(29)}{\Rightarrow} g(2) > 3 \overset{(24)(25)}{\Rightarrow}$$
$$3 \notin f(\mathbf{Z}_+) \cup g(\mathbf{Z}_+) = \mathbf{Z}_+$$

所以 $$f(2) = 3$$

由式(24),$f(3) \geqslant 4$,但 $f(3)$ 不能大于4,否则将产生矛盾.因为
$$g(2) = f[f(2)] + 1 = f(3) + 1 > 4 \overset{(24)(25)}{\Rightarrow} 4 \notin \mathbf{Z}_+$$
所以 $$f(3) = 4, g(2) = 5$$

由式(24)
$$f(4) > f(3) = 4 \overset{(26)}{\Rightarrow} f(4) > 5 \Rightarrow f(4) \geqslant 6$$

但若 $f(4) > 6$,则将又产生矛盾.因为
$$g(3) = f[f(3)] + 1 = f(4) + 1 > 6 \overset{(24)(25)}{\Rightarrow} 6 \notin \mathbf{Z}_+$$
所以 $$f(4) = 6, g(3) = 7$$

仿照前面的推理,可陆续求出
$$f(5) = 8, f(6) = 9, g(4) = 10, f(7) = 11$$
$$f(8) = 12, g(5) = 13, \cdots$$

于是列出自变量 m 与函数值 $f(m), g(m)$ 的对应数值表如表4所示.

表 4

m	1	2	3	4	5	6	7	8	⋯
$f(m)$	1	3	4	6	8	9	11	12	⋯
$g(m)$	2	5	7	10	13	15	18		⋯

由于表 4 中的数值是根据式(24)(25)(26)(27)推求出来的,所以表中数值是满足题给全部条件的. 此外,还可从表中看出:

对于任意的 $m \in \mathbf{Z}_+$,都有
$$g(m) = f(m) + m \qquad (30)$$

函数值 $f(m+1)$ 是 $\mathbf{Z}_+$ 中除 $f(1), f(2), \cdots, f(m), g(1), g(2), \cdots, g(m)$ 外的最小正整数. $(30')$

对式(30)的一般证明见后面的附注;我们来证结论式$(30')$成立.

事实上,设式$(30')$中的最小正整数为 l,则由式(24)与式(26)得
$$f(m+1) \geqslant l$$
但若 $f(m+1) > l$,就有
$$f(m+1) > l \stackrel{(24)(29)}{\Longrightarrow} g(m+1) > l \Rightarrow l \notin \mathbf{Z}_+$$
与式(25)矛盾,所以 $f(m+1) = l$.

根据式(30)与式$(30')$,可将表 4 续写至任何已知的正整数,所得结果不但符合题设全部条件,而且是唯一决定的. 比如
$$g(8) = f(8) + 8 = 12 + 8 = 20$$
此时 $\mathbf{Z}_+$ 中已出现过的正整数为 $1,2,3,4,5,6,7,8,9,10,11,12,13,⑭,15,⑯,⑰,18,⑲,20,\cdots$(圆圈内的数是未出现过的),因此
$$f(9) = 14, g(9) = f(9) + 9 = 14 + 9 = 23$$

Beatty Theorem and Lambek-Moser Theorem

$$f(10) = 16, g(10) = f(10) + 10 = 16 + 10 = 26$$
$$f(11) = 17, g(11) = f(11) + 11 = 17 + 11 = 28$$
$$f(12) = 19, g(12) = f(12) + 12 = 19 + 12 = 31$$
$$f(13) = 21, g(13) = f(13) + 13 = 21 + 13 = 34$$

由此可见,符合题设条件的函数 $f(m)$ 与 $g(m)$ 的值就这样唯一无重复地共同组成了正整数列.

第二步:求 $f(m)$ 与 $g(m)$ 的一般表达式.

使 $f(m)$ 与 $g(m)$ 无重复地共同组成正整数列,其一般表达式是怎样的呢? 为了解决这一问题,需要用到数论中的结论,先证下面的引理:

引理 2 如果正无理数 α 与 β 满足

$$\frac{1}{\alpha} + \frac{1}{\beta} = 1 \qquad (31)$$

那么 $[\alpha m]$ 与 $[\beta m]$ 就无重复地共同组成正整数列. 其中 $m \in \mathbf{Z}_+$,$[x]$ 表示不超过正数 x 的最大整数.

证明 这实际上就是要证:对于任意一个正整数 N,不在数列 $\{[\alpha m]\}$ 中出现,就在数列 $\{[\beta m]\}$ 中出现且仅出现一次.

数列 $\{[\alpha m]\}$ 与 $\{[\beta m]\}$ 中的各项,显然都是正整数,用 m_1 与 m_2 分别表示各数列中不大于 N 的正整数的个数,则

$$m_1 = \max\{m \mid [\alpha m] \leqslant N\}$$

由式(31),有

$$0 < \beta = \frac{\alpha}{\alpha - 1} \Rightarrow \alpha > 1, \beta > 1 \qquad (32)$$

所以

$$[\alpha m_1] \leqslant N \leqslant [\alpha(m_1 + 1)] \overset{(32)}{\Rightarrow}$$
$$\alpha m_1 < N + 1 < \alpha(m_1 + 1) \Rightarrow$$

Beatty 定理与 Lambek-Moser 定理

$$m_1 < \frac{N+1}{\alpha} < m_1 + 1 \qquad (33)$$

同理可得

$$m_2 < \frac{N+1}{\beta} < m_2 + 1 \qquad (34)$$

式(33)+(34),并根据式(31)整理,得

$$m_1 + m_2 < N + 1 < m_1 + m_2 + 2$$
$$m_1 + m_2 - 1 < N < m_1 + m_2 + 1$$

所以 $\qquad m_1 + m_2 = N$

这就是说,在$\{[\alpha m]\}$和$\{[\beta m]\}$中,不大于N的正整数恰好共有N个. 但由正整数N的任意性,同样可知,其中不大于$N-1(N>1)$的正整数也恰好共有$N-1$个,于是,两者一比较,即得在$\{[\alpha m]\}$和$\{[\beta m]\}$中,大于$N-1$而不大于N的正整数有且仅有一个,它正好就是N. 换句话说,任何正整数N不在$\{[\alpha m]\}$和$\{[\beta m]\}$中,大于$N-1$而不大于N的正整数有且仅有一个,它正好就是N. 换句话说,任何正整数N不在$\{[\alpha m]\}$中出现一次,就在$\{[\beta m]\}$中出现一次,二者必居其一. 引理 2 证毕.

满足式(31)的正无理数组$\{\alpha, \beta\}$有无限多组. 例如

$$\alpha = \sqrt{2}, \beta = 2 + \sqrt{2}$$
$$\alpha = \sqrt{5}, \beta = \frac{5 + \sqrt{5}}{4}$$
$$\alpha = \frac{1 + \sqrt{5}}{2}, \beta = \frac{3 + \sqrt{5}}{2}$$
$$\vdots$$

但是,如果引理 2 中的α, β不仅满足条件(31),且又满足条件

$$\beta = \alpha^2 \tag{35}$$

那么正无理数组 (α,β) 就是唯一的.

事实上,将式(31)与式(35)联立求解,并取正根,则

$$\alpha^2 - \alpha - 1 = 0, \alpha = \frac{1+\sqrt{5}}{2} \tag{36}$$

$$\beta = \alpha^2 = 1 + \alpha, \beta = \frac{3+\sqrt{5}}{2} \tag{37}$$

设 α,β 为满足式(31)与式(35)的两个确定的正无理数,则 $m(\in \mathbf{Z}_+)$ 的函数

$$f(m) = [\alpha m], g(m) = [\beta m] \tag{38}$$

满足式(24)(25)(26)(27).

事实上,因为两个正无理数 α 与 β 满足式(31),故由引理2知,式(38)满足式(24)(25)(26).需要证明的只是式(38)满足条件式(27).

一方面,因 α 为大于1的无理数,故有

$$[\alpha m] < \alpha m \overset{(35)}{\Rightarrow} \alpha[\alpha m] < \alpha^2 m \Rightarrow \alpha[\alpha m] \overset{(26)}{<} \beta m \Rightarrow$$
$$[\alpha(\alpha m)] < [\beta m] \tag{39}$$

另一方面,又由式(31)与式(35),有 $\alpha = 1 + \frac{1}{\alpha}, \beta = \alpha + 1$. 于是

$$\alpha[\alpha m] = (1+\frac{1}{\alpha})[\alpha m] = [\alpha m] + \frac{1}{\alpha}[\alpha m] >$$

$$[\alpha m] + \frac{1}{\alpha}(\alpha m - 1) =$$

$$[\alpha m] + m - \frac{1}{\alpha} = [\alpha m + m] - \frac{1}{\alpha} =$$

$$[(\alpha+1)m] - \frac{1}{\alpha} > [\beta m] - 1$$

所以
$$[\alpha[\alpha m]] \geqslant [\beta m] - 1 \qquad (40)$$
比较式(39)与式(40)得，$[\alpha[\alpha m]] = [\beta m] - 1$，即
$$[\beta m] = [\alpha[\alpha m]] + 1 \qquad (41)$$
式(41)即说明式(38)满足条件(27)
$$g(m) = f(f(m)) + 1$$

第三步：最后求出 $f(2m)$ 的一般表达式.

不难依次算出式(38)中的两个函数
$$f(m) = [\alpha m] = \left[\frac{1+\sqrt{5}}{2} m\right]$$
$$g(m) = [\beta m] = \left[\frac{3+\sqrt{5}}{2} m\right]$$

($m \in \mathbf{Z}_+$)的取值与表4完全一致，比如

$$f(1) = \left[\frac{1+\sqrt{5}}{2}\right] = [1.618\cdots] = 1$$

$$g(1) = \left[\frac{3+\sqrt{5}}{2}\right] = [2.618\cdots] = 2$$

$$f(2) = \left[\frac{1+\sqrt{5}}{2} \times 2\right] = [3.236\cdots] = 3$$

$$g(2) = \left[\frac{3+\sqrt{5}}{2} \times 2\right] = [5.236\cdots] = 5$$

$$f(3) = \left[\frac{1+\sqrt{5}}{2} \times 3\right] = [4.854\cdots] = 4$$

$$g(3) = \left[\frac{3+\sqrt{5}}{2} \times 3\right] = [7.854\cdots] = 7$$

$$f(4) = \left[\frac{1+\sqrt{5}}{2} \times 4\right] = [6.472\cdots] = 6$$

$$g(4) = \left[\frac{3+\sqrt{5}}{2} \times 4\right] = [10.472\cdots] = 10$$

$$f(5) = \left[\frac{1+\sqrt{5}}{2} \times 5\right] = [8.090\cdots] = 8$$

$$g(5) = \left[\frac{3+\sqrt{5}}{2} \times 5\right] = [13.090\cdots] = 13$$

$$\vdots$$

表 4 由题设条件知是唯一的,又式(38)满足题设的全部条件,所以本题的最后条件是

$$f(2m) = [\alpha(2m)] = \left[\frac{1+\sqrt{5}}{2}(2m)\right] =$$
$$\left[(1+\sqrt{5})m\right] = m + \left[\sqrt{5}\,m\right]$$

附 注

1. 关于式(30),即 $g(m) = f(m) + m$ 的一般证明.

对于任意的 $m \in \mathbf{Z}_+$,都有

$$g(m) + 1 \in f(\mathbf{Z}_+) \tag{42}$$

否则

$$g(m) + 1 \notin f(\mathbf{Z}_+) \overset{(26)}{\Rightarrow} g(m) + 1 \in g(\mathbf{Z}_+) \overset{(27)}{\Rightarrow}$$
$$g(m) + 1 = f(f(m')) + 1 \Rightarrow$$
$$g(m) = f(f(m'))$$

与式(26)矛盾,其中 $m' \in \mathbf{Z}_+$.

对于任意的 $m \in \mathbf{Z}_+$,都有

$$g(m+1) \geqslant g(m) + 2 \tag{43}$$

由式(24),$g(m+1) - g(m) \geqslant 1$,但 $g(m+1) - g(m) \neq 1$,否则由式(42)得 $g(m+1) = g(m) + 1 \in f(\mathbf{Z}_+)$ 与式(26)矛盾,所以式(43)成立.

若 $m \in g(\mathbf{Z}_+)$,则

$$f(m+1) = f(m) + 1 \tag{44}$$

先证对于 $g(\mathbf{Z}_+)$ 中的 m 有 $f(m) + 1 \in f(\mathbf{Z}_+)$.

设 $m \in \mathbf{Z}_+$,且 $\mu = g(m)$,如果此时 $f(\mu) + 1 \notin f(\mathbf{Z}_+)$,则必有 $m' \in \mathbf{Z}_+$

Beatty 定理与 Lambek-Moser 定理

$$f(\mu)+1 \in g(\mathbf{Z}_+) \stackrel{(27)}{\Rightarrow} f(g(m))+1 = f(f(m'))+1 \Rightarrow$$
$$f(g(m)) = f(f(m')) \stackrel{(24)}{\Rightarrow}$$
$$g(m) = f(m')$$

与式(26)矛盾,判断成立.

再证式(44)成立. 由式(24)
$$f(m+1) > f(m) \Rightarrow f(m+1) \geqslant f(m)+1$$

但若上式的不等号成立,则对任何 $\mu \in \mathbf{Z}_+$ 均有
$$f(m+\mu) > f(m)+1 \stackrel{(29)}{\Rightarrow} g(m+\mu) > f(m)+1 \Rightarrow$$
$$\text{正整数 } f(m)+1 \notin \mathbf{Z}_+$$

与式(25)矛盾,式(44)证毕.

若 $m \in f(\mathbf{Z}_+)$,则
$$f(m+1) = f(m)+2 \tag{45}$$

显然

$$\left.\begin{array}{l} m \in f(\mathbf{Z}_+) \stackrel{(27)}{\Rightarrow} f(m)+1 \in g(\mathbf{Z}_+) \\ (24) \stackrel{(26)}{\Rightarrow} f(m+1) \geqslant f(m)+2 \stackrel{(27)}{=} g(m')+1 \\ (42) \Rightarrow g(m')+1 \in f(\mathbf{Z}_+) \end{array}\right\} \Rightarrow$$
$$f(m)+2 \in f(\mathbf{Z}_+) \stackrel{(24)(25)(26)}{\Rightarrow} (45)$$

用归纳法证明: $g(m) = f(m)+m$ 对 $\mathbf{Z}_+$ 中任意正整数成立.

当 $m=1$ 时, $g(1)=2, f(1)+1=1+1=2$, 即 $g(1)=f(1)+1$ 成立.

设 $m=k$ 时,命题成立,即
$$g(k) = f(k)+k \tag{46}$$

这里 $k \in \mathbf{Z}_+$, 下面就两方面的情况分别进行研究.

对于 $k \in f(\mathbf{Z}_+)$ 的情况, 由式(45)得
$$f(k+1) = f(k)+2 \tag{47}$$

但是, 由
$$k \in f(\mathbf{Z}_+) \stackrel{(27)}{\Rightarrow} f(k)+1 \in g(\mathbf{Z}_+) \stackrel{(44)}{\Rightarrow} f[f(k)+2] =$$
$$f[f(k)+1]+1 \tag{48}$$

46

Beatty Theorem and Lambek-Moser Theorem

由式(47),可知

$$f[f(k+1)]+1 = f[f(k)+2]+1 \stackrel{(48)}{=} f[f(k)+1]+2 \stackrel{(45)}{=}$$
$$f[f(k)]+1+3 \stackrel{(27)}{\Rightarrow} g(k+1) = g(k)+3 \tag{49}$$

式(49) — 式(47) 得

$$g(k+1) - f(k+1) = g(k) - f(k) + 1 \stackrel{(46)}{\Rightarrow}$$
$$g(k+1) - f(k+1) = f(k) + k - f(k) + 1 \stackrel{(27)}{\Rightarrow}$$
$$g(k+1) = f(k+1) + (k+1) \tag{50}$$

这就是说,当 $m = k+1$ 时命题仍成立.

对于 $k \in g(\mathbf{Z}_+)$ 的情况,由式(44)得

$$f(k+1) = f(k) + 1 \tag{51}$$

$$f(k) \in f(\mathbf{Z}_+) \stackrel{(45)}{\Rightarrow} f[f(k)+1] = f[f(k)]+2 \tag{52}$$

由式(51),可知

$$f[f(k+1)] = f[f(k)+1] \stackrel{(52)}{=} f[f(k)]+2 \Rightarrow f[f(k+1)]+1 =$$
$$f[f(k)]+1+2 \stackrel{(27)}{\Rightarrow} g(k+1) = g(k)+2 \tag{53}$$

式(53) — 式(51) 得

$$g(k+1) - f(k+1) = g(k) - f(k) + 1 \stackrel{(46)}{\Rightarrow}$$
$$g(k+1) - f(k+1) = f(k) + k - f(k) + 1 \Rightarrow$$
$$g(k+1) = f(k+1) + (k+1) \tag{54}$$

这就是说,当 $m = k+1$ 时命题仍成立.

由式(50)与式(54),对于任意的 $m \in \mathbf{Z}_+$,都有等式
$$g(m) = f(m) + m$$

2. 关于式(35)的由来.

可以证明,两个正整数 m 的一次函数

$$F(m) = \alpha m, G(m) = \beta m \tag{55}$$

满足条件

$$G(m) = F(F(m)) \tag{56}$$

时,函数 $f(m) = [F(m)] = [\alpha m]$ 与 $g(m) = [G(m)] =$

Beatty 定理与 Lambek-Moser 定理

$[\beta m]$ 一定满足题设全部条件,特别是包括第(27)个条件. 其中 α,β 都是满足式(31)的正无理数(此问题的证明,不仅篇幅长,而且又要用到整数论的其他结论,因而从略).

由式(55)和(56)不难推出 $\beta = \alpha^2$. 这是因为
$$\beta m = Gm = F(F(m)) = F(\alpha m) = \alpha(\alpha m) = \alpha^2 m$$

3. 本题也可采用下述步骤求解.

第一步,由题设条件具体算出 f 与 g 的前若干个值,并将它们按由小到大的顺序排列,其分布概况是
$$f,g,f,f,g,f,g,f,f,g,f,f,g,f,g,f,\cdots$$

第二步,为寻求 f 与 g 的一般分布规律,构造一个序列:$P_N = \{f, g, \cdots\}$,其中有 N 个元,第 k 个元是 f 或是 g,应视 $k \in f(\mathbf{Z}_+)$ 或 $k \in g(\mathbf{Z}_+)$ 而定.

用数学归纳法证明:P_{F_n} 是 $P_{F_{n-1}}$ 与 $P_{F_{n-2}}$ 的依次合并. 此处 F_n 是斐波那契(Fibonacci)数列①的第 n 项
$$F_1 = 1, F_2 = 2, \cdots, F_n = F_{n-1} + F_{n-2}, \cdots$$

第三步,用数学归纳法证明:P_{F_n} 中恰含 F_{n-1} 个 f 值和 F_{n-2} 个 g 值. 由此进一步归纳为
$$f(F_{n-1} + m) = F_n + f(m) \quad 1 \leqslant m \leqslant F_{n-2}$$
$$g(F_{n-2} + m) = F_n + g(m) \quad 1 \leqslant m \leqslant F_{n-3}$$

第四步,再用归纳法证明
$$f(m) = \left[\frac{F_n}{F_{n-1}} m\right] \quad F_{n-1} < m \leqslant F_n, m \geqslant 3$$

---

① 所谓斐波那契数列,是指这样的一个数列
$$F_0 = 1, F_1 = 1, F_2 = 2, F_3 = 3, F_4 = 5, F_5 = 8, F_6 = 13, \cdots$$
它的通项满足循环方程
$$F_n = F_{n-1} + F_{n-2}$$
也就是说,斐波那契数列的每一项 $F_n(n \geqslant 2)$,可以用它前面的两项 F_{n-1} 与 F_{n-2} 的和来表示.

斐波那契数列的通项公式为
$$F_n = \frac{1}{\sqrt{5}}\left[\left(\frac{1+\sqrt{5}}{2}\right)^{n+1} - \left(\frac{1-\sqrt{5}}{2}\right)^{n+1}\right]$$

Beatty Theorem and Lambek-Moser Theorem

第五步,证明 $\dfrac{F_n}{F_{n-1}}$(当 $n \to \infty$ 时)的极限是 $\dfrac{1+\sqrt{5}}{2}$,从而求出

$$f(m) = \left[\dfrac{1+\sqrt{5}}{2}m\right]$$

$$f(2m) = \left[\dfrac{1+\sqrt{5}}{2} \cdot 2m\right] = \left[(1+\sqrt{5})m\right] = \left[m+\sqrt{5}\,m\right] = m + \left[\sqrt{5}\,m\right]$$

关于这一试题最繁杂的解答当属发表于江苏师范学院《中学数学研究与讨论》1978 年第二期的如下解答.(见《国际数学奥林匹克》江苏科学技术出版社,1980 年)

解法 4 为求 $f(2\mu)$,先讨论函数 f,g 的一些性质.

性质 1 $f(1)=1, g(1)=2$.

事实上,由题意,数 1 只能被 $f(1)$ 或 $g(1)$ 所取到,但 $g(1)=f[f(1)]+1>1$,所以,$f(1)=1$,并且

$$g(1) = f[f(1)] + 1 = f(1) + 1 = 2$$

性质 2 对于给定的 n,令 k_n 为不等式 $g(x) < f(n)$ 的正整数解的个数,则

$$f(n) = n + k_n$$

事实上,由假设可知

$$f(1) = 1 < g(1) < \cdots < g(k_n) < \cdots < f(n)$$

是代表 $f(n)$ 个连续的正整数,但另一方面,它显然由 n 个正整数 $f(1),\cdots,f(n)$ 及 k_n 个正整数 $g(1),\cdots,g(k_n)$ 所组成,故 $f(n)=n+k_n$.

性质 3 若 $f(n)=N$,则:

i) $f(N) = N + n - 1$;

49

ii) $f(N+1) = (N+1) + n$.

事实上,因为
$$g(n-1) = f[f(n-1)] + 1 \leqslant f(N-1) + 1 \leqslant f(N)$$
及
$$g(n) = f[f(n)] + 1 = f(N) + 1 > f(N)$$
所以适合 $g(x) < f(N)$ 的最大整数 x 必为 $n-1$. 因此
$$f(N) = N + n - 1$$
同理可证
$$f(N+1) = N + n + 1$$

性质 4 $g(n) = f(n) + n$.

事实上,由性质 3
$$g(n) = f[f(n)] + 1 = [f(n) + n - 1] + 1 = f(n) + n$$

性质 5 $1 \leqslant f(n+1) - f(n) \leqslant 2$;
$2 \leqslant g(n+1) - g(n) \leqslant 3$.

事实上,不等式 $f(n+1) - f(n) \geqslant 1$ 是显然的. 于是
$$g(n+1) - g(n) = [f(n+1) + n + 1] -$$
$$[f(n) + n] =$$
$$f(n+1) - f(n) + 1 \geqslant 2$$

不等式 $g(n+1) - g(n) \geqslant 2$ 说明了在 $g(n)$ 与 $g(n+1)$ 之间至少有一个函数 f 的值存在. 由此也就说明了在 $f(n)$ 与 $f(n+1)$ 之间至多只含有一个函数 g 的值. 所以
$$f(n+1) - f(n) \leqslant 2$$
从而可得
$$g(n+1) - g(n) \leqslant 3$$

如令 $f_n = f(n), g_n = g(n)$,那么从 $f(1) = 1$ 出发,

利用上面的性质可以把 f 和 g 的值逐个推算出来

$$f_1,g_1,f_2,f_3,g_2,f_4,g_3,f_5,f_6,g_4,f_7,f_8,g_5,\cdots$$

不难发现,这个序列与斐波那契数列有密切关系. 为此,我们定义一个序列 P_n,规定 P_n 的第 $k(1\leqslant k\leqslant n)$ 项是 f 或 g,视 $k\in f(\mathbf{Z}_+)$ 或 $k\in g(\mathbf{Z}_+)$ 而定,例如

$$P_1=\{f\},P_2=\{f,g\}$$
$$P_3=\{f,g,f\},P_4=\{f,g,f,f\},\cdots$$

并用记号 P_nP_m 表示两个序列 P_n,P_m 的依次合并,即把序列 P_m 衔接于序列 P_n 之末尾. 那么

$$P_{F_3}=P_3=\{f,g,f\}=P_2P_1=P_{F_2}P_{F_1}$$
$$P_{F_4}=P_5=\{f,g,f,f,g\}=P_{F_3}P_{F_4}$$

一般地,启发我们:$P_{F_{n+1}}$ 是 P_{F_n} 与 $P_{F_{n-1}}$ 的合并

$$P_{F_{n+1}}=P_{F_n}P_{F_{n-1}}$$

也就有 $P_{F_{n+1}}$ 中恰好有 F_n 个 f 值及 F_{n-1} 个 g 值. 而且 $F_{n+1}+M$ 与 M 同为 f 值或同为 g 值 $(1\leqslant M\leqslant F_n)$,这句话也就是等价于等式

$$f(F_n+r)=F_{n+1}+f(r)\quad 1\leqslant r\leqslant F_{n-1}$$
$$g(F_{n-1}+s)=F_{n+1}+g(s)\quad 1\leqslant s\leqslant F_{n-2}$$

下面我们继续讨论 f,g 的一些性质,以证明这些猜测是正确的.

性质 6 $f(F_{2k-1})=F_{2k}-1,f(F_{2k})=F_{2k+1}$.

用数学归纳法来证明性质 6. 当 $k=1$ 时,有

$$f(F_1)=f(1)=1=F_2-1,f(F_2)=f(2)=3=F_3$$

假定性质 6 对自然数 k 为真,则由性质 3 可知

$$f(F_{2k+1})=f[f(F_{2k})]=F_{2k+1}+F_{2k}-1=F_{2(k+1)}-1$$
$$f(F_{2(k+1)})=f[f(F_{2k+1})+1]=F_{2(k+1)}+F_{2k+1}=$$
$$F_{2k+3}=F_{2(k+1)+1}$$

所以对自然数 $k+1$ 亦为真.

性质 6 说明,当 n 为奇数时,F_n 为 f 值;当 n 为偶数时,F_n 为 g 值.

性质 7　若 $k>1$,则 F_k+1 恒为 f 值.

事实上,若 k 为偶数,则 F_k 为 g 值,故 F_k+1 为 f 值;若 k 为奇数,令 $k=2s+1$,则 $F_{2s+1}=f(F_{2s})$,要是 $F_k+1=F_{2s+1}+1=f(F_{2s})+1$ 为 g 值,于是必可表示为 $f[f(t)]+1$ 的形式,如此,$F_{2s}=f(t)$ 为 f 值,此为不可能,故 F_k+1 仍为 f 值.

性质 8　P_{F_n} 中恰有 F_{n-1} 个 f 值和 F_{n-2} 个 g 值.

事实上,若 n 为奇数,$n=2k+1$,则因
$$F_{2k+1}=f(F_{2k})$$
可知 $P_{F_{2k+1}}$ 中有 F_{2k} 个 f 值,于是 g 值有 $F_{2k+1}-F_{2k}=F_{2k-1}$ 个.

若 n 为偶数,$n=2k$,则由性质 6 知
$$F_{2k}=f(F_{2k-1})+1=f[f(F_{2(k-1)})]+1=g(F_{2(k-1)})$$
故 $P_{F_{2k}}$ 中有 F_{2k-2} 个 g 值,有 $F_{2k}-F_{2k-2}=F_{2k-1}$ 个 f 值. 总之,在 P_{F_n} 中不论 n 为奇数或偶数,恰有 F_{n-1} 个 f 值,有 F_{n-2} 个 g 值.

性质 9　$F_{k+1}+M$ 与 $M(1\leqslant M\leqslant F_k)$ 同为 f 值或同为 g 值等价于等式
$$f(F_k+r)=F_{k+1}+f(r)\quad 1\leqslant r\leqslant F_{k-1}$$
$$g(F_{k-1}+s)=F_{k+1}+g(s)\quad 1\leqslant s\leqslant F_{k-2}$$

事实上,如果 $F_{k+1}+M$ 与 M 同为 f 值或同为 g 值,则可写成等式
$$P_{F_{k+1}+M}=P_{F_{k+1}}P_M$$
注意到在序列 $P_{F_{k+1}}$ 中恰有 F_k 个 f 值. 现在考虑 $P_{F_{k+1}+M}$ 中第 F_k+r 个 f 值,它位于序列 $P_{F_{k+1}+M}$ 的第 $f(F_k+r)$ 项,而它又位于 $P_{F_{k+1}}P_M$ 中的第 $F_{k+1}+f(r)$

项,故等式:$f(F_k+r)=F_{k+1}+f(r)$ 成立.

同理可得另一等式.

性质 10　当 $n>1$ 时,F_n+M 与 $M(1\leqslant M\leqslant F_{n-1})$ 同为 f 值或同为 g 值.

当 $n=2,3$ 时,可直接检验结论为真.设 $n=k$ 时亦为真,当 $n=k+1$ 时,再对 M 用归纳法,由性质 7 可知当 $M=1$ 时亦为真,故假定对于 $1\leqslant m\leqslant M$ 亦为真.要证明对于 $M+1$ 亦为真.

事实上,若 $M\in g(\mathbf{Z}_+)$,$F_{k+1}+M\in g(\mathbf{Z}_+)$,则必有

$$M+1\in f(\mathbf{Z}_+)$$
$$F_{k+1}+M+1\in f(\mathbf{Z}_+)$$

又若 $M-1\in f(\mathbf{Z}_+)$,$M\in f(\mathbf{Z}_+)$ 及 $F_{k+1}+M-1\in f(\mathbf{Z}_+)$,$F_{k+1}+M\in f(\mathbf{Z}_+)$,势必得出 $M+1\in g(\mathbf{Z}_+)$ 及 $F_{k+1}+M+1\in g(\mathbf{Z}_+)$.故在这两种情形之下,结论是正确的.剩下来必须考虑当 $M-1\in g(\mathbf{Z}_+)$,$M\in f(\mathbf{Z}_+)$ 及 $F_{k+1}+M-1\in g(\mathbf{Z}_+)$,$F_{k+1}+M\in f(\mathbf{Z}_+)$ 这一情形.

令　　$M=f(r),M-1=g(s)$

则
$$M=f(r)=r+s$$
$$f(s)=g(s)-s=(M-1)-(M-r)=r-1$$

若设　　$f(s+1)=r+t\quad t=0,1$

则
$$g(s+1)-g(s)=(s+1)+(r+t)-$$
$$(M-1)=t+2$$

由归纳假定 $F_{k+1}+m(1\leqslant m\leqslant M)$ 与 m 同为 f 值或同为 g 值,故由性质 9 可知

$$f(F_k + r) = F_{k+1} + f(r) = F_{k+1} + M$$

且 $g(F_{k-1} + s) = F_{k+1} + g(s) = F_{k+1} + M - 1$

又因为
$$g(F_{k-1} + s + 1) = F_{k-1} + s + 1 +$$
$$f(F_{k-1} + s + 1) =$$
$$F_{k-1} + s + 1 + F_k + f(s+1) =$$
$$F_{k-1} + s + 1 + F_k + r + t =$$
$$F_{k+1} + M + t + 1$$

所以
$$g(F_{k-1} + s + 1) - g(F_{k-1} + s) = t + 2 =$$
$$g(s+1) - g(s)$$

利用这个等式,就可说明若 $t = 0$,则
$$g(s+1) = g(s) + 2 = (M-1) + 2 =$$
$$M + 1 \in g(\mathbf{Z}_+)$$
$$g(F_{k-1} + s + 1) = g(F_{k-1} + s) + 2 =$$
$$F_{k+1} + M - 1 + 2 =$$
$$F_{k+1} + M + 1 \in g(\mathbf{Z}_+)$$

即 $M+1$ 与 $F_{k+1} + M + 1$ 同为 g 值.

若 $t = 1$,则 $g(s+1) = M + 2 \in g(\mathbf{Z}_+)$,故
$$M + 1 \in f(\mathbf{Z}_+)$$
$$g(F_{k-1} + s + 1) = F_{k+1} + m + 2 \in g(\mathbf{Z}_+)$$

故 $F_{k+1} + M + 1 \in f(\mathbf{Z}_+)$

即 $M+1$ 与 $F_{k+1} + M + 1$ 同为 f 值.

有了以上这些准备,再利用斐波那契数列的性质就可以计算 $f(\mu)$. 由性质 1 和 2,即得 $f(1) = 1$, $f(2) = 3$. 对于给定的 $\mu \geqslant 3$,一定存在这样的 n,使 $F_{n-1} < \mu \leqslant F_n$. 下面我们证明

$$f(\mu) = \left[\frac{F_n}{F_{n-1}}\mu\right] \quad F_{n-1} < \mu \leqslant F_n, \mu \geqslant 3 \quad (57)$$

54

这里 $[x]$ 表示不超过 x 的最大整数.

用数学归纳法. 当 $n=3$ 时,μ 只能等于 3,此时 $f(3)=4$,而 $\left[\dfrac{F_3}{F_2}\times 3\right]=\left[\dfrac{3}{2}\times 3\right]=4$,所以等式成立.

假设对于 $3\leqslant n\leqslant k$ 的 n,式(57)成立,要证明 $n=k+1$ 时也成立. 令 $\mu=F_k+M(1\leqslant M\leqslant F_{k-1})$.

若 $M=1$,则一方面由性质 9 和 10 可得
$$f(F_k+1)=F_{k+1}+f(1)=F_{k+1}+1$$
另一方面,由于
$$\left[\dfrac{F_{k+1}}{F_k}\right]=\left[\dfrac{F_k+F_{k-1}}{F_k}\right]=\left[1+\dfrac{F_{k-1}}{F_k}\right]=1$$
故
$$\left[\dfrac{F_{k+1}}{F_k}(F_k+1)\right]=\left[F_{k+1}+\dfrac{F_{k+1}}{F_k}\right]=$$
$$F_{k+1}+\left[\dfrac{F_{k+1}}{F_k}\right]=F_{k+1}+1$$
所以,当 $M=1$ 时等式(57)成立.

若 $M=2$,则由于
$$\left[\dfrac{2F_{k+1}}{F_k}\right]=\left[\dfrac{2(F_k+F_{k-1})}{F_k}\right]=$$
$$\left[\dfrac{3F_k+F_{k-1}-(F_k-F_{k-1})}{F_k}\right]=$$
$$3+\left[\dfrac{F_{k-1}-F_{k-2}}{F_{k-1}+F_{k-2}}\right]=3$$

及 $f(2)=3$,便可推知等式仍然成立. 于是可设 $M\geqslant 3$,并取 l,使
$$F_{l-1}<M\leqslant F_l \quad 3\leqslant l\leqslant k-1$$
对于这样的 l,由归纳假定知
$$f(M)=\left[\dfrac{F_l}{F_{l-1}}M\right] \quad F_{l-1}<M\leqslant F_l$$

55

因为 M 可能取值是 $F_{l-1}+1,\cdots,F_{l-1}+F_{l-2}$,所以 M 必不能被 F_{l-1} 所整除. 又因为 F_l 与 F_{l-1} 互素[①],故 $F_l M$ 必不能被 F_{l-1} 所整除. 用 S 代表 $\dfrac{F_l M}{F_{l-1}}$ 的分数部分,即

$$\frac{F_l}{F_{l-1}}M = \left[\frac{F_l}{F_{l-1}}M\right] + S$$

那么
$$\frac{1}{F_{l-1}} \leqslant S \leqslant \frac{F_{l-1}-1}{F_{l-1}}$$

利用斐波那契数列的一个性质[②]

---

① 若用 (a,b) 表示两个整数 a 与 b 的最大公约数,则明显地有 $(F_{l+1},F_l) = (F_{l-1}+F_l,F_l) = (F_l,F_{l-1}) = \cdots = (F_1,F_0) = 1$.

② 这个性质可对 l 用数学归纳法予以证明.
i) 当 $l=0$ 时,即要证明
$$\frac{F_k}{F_{k-1}} - \frac{F_{k+1}}{F_k} = \frac{(-1)^k}{F_{k-1}F_k}$$
因为
$$\frac{F_k}{F_{k-1}} - \frac{F_{k+1}}{F_k} = \frac{F_k^2 - F_{k-1}F_{k+1}}{F_{k-1}F_k}$$
所以我们只要证明等式
$$F_k^2 - F_{k-1}F_{k+1} = (-1)^k$$
对 k 用归纳法. 当 $k=1,2$ 时,可直接验证是正确的. 设等式对 k 成立,则有
$$F_{k+1}^2 - F_k F_{k+2} = (F_k + F_{k-1})^2 - F_k(F_k + F_{k+1}) =$$
$$F_{k-1}^2 + 2F_k F_{k-1} - F_k F_{k+1} =$$
$$F_{k-1}^2 + 2F_k F_{k-1} - F_k(F_k + F_{k-1}) =$$
$$-F_k^2 + F_k F_{k-1} + F_{k-1}^2 =$$
$$-F_k^2 + F_{k-1}F_{k+1} = (-1)^{k+1}$$
即等式对 $k+1$ 也成立.

ii) 假定性质对于不大于 $l-1$ 时为真,那么对于 l 也成立,因为
$$\frac{F_k}{F_{k-1}} - \frac{F_{k+l+1}}{F_{k+l}} = \frac{F_k(F_{k+l-1}+F_{k+l-2}) - F_{k-1}(F_{k+l}+F_{k+l-1})}{F_{k-1}F_{k+l}} =$$
$$\frac{(F_k F_{k+l-1} - F_{k-1}F_{k+l}) + (F_k F_{k+l-2} - F_{k-1}F_{k+l-1})}{F_{k-1}F_{k+l}} =$$
$$\frac{(-1)^k F_{l-1} + (-1)^k F_{l-2}}{F_{k-1}F_{k+l}} = \frac{(-1)^k F_l}{F_{k-1}F_{k+l}}$$

Beatty Theorem and Lambek-Moser Theorem

$$\frac{F_k}{F_{k-1}} - \frac{F_{k+l+1}}{F_{k+l}} = \frac{(-1)^k F_l}{F_{k-1} F_{k+l}}$$

就有

$$\left|\left(\frac{F_l}{F_{l-1}} - \frac{F_{k+1}}{F_k}\right)M\right| = \left|\left(\frac{F_l}{F_{l-1}} - \frac{F_{l+(k-l)+1}}{F_{l+(k-l)}}\right)M\right| =$$

$$\frac{F_{k-l}M}{F_{l-1}F_k} \leqslant \frac{F_{k-1}F_l}{F_{l-1}F_k}$$

又当 $k > l$ 时,有

$$F_{k-l}F_l < F_k \quad ①$$

所以

$$\left|\frac{F_l}{F_{l-1}}M - \frac{F_{k+1}}{F_k}M\right| < \frac{1}{F_{l-1}} \quad k > l \quad (58)$$

去掉绝对值符号,从式(58)可以得到

$$\frac{F_{k+1}}{F_k}M < \frac{F_l}{F_{l-1}}M + \frac{1}{F_{l-1}} = \left[\frac{F_l}{F_{l-1}}M\right] + S + \frac{1}{F_{l-1}} \leqslant$$

$$\left[\frac{F_l}{F_{l-1}}M\right] + \frac{F_{l-1}-1}{F_{l-1}} + \frac{1}{F_{l-1}} = \left[\frac{F_l}{F_{l-1}}M\right] + 1$$

及

$$\frac{F_{k+1}}{F_k}M > \frac{F_l}{F_{l-1}}M - \frac{1}{F_{l-1}} \geqslant \frac{F_l}{F_{l-1}}M - S = \left[\frac{F_l}{F_{l-1}}M\right]$$

---

① 这个不等式由下面的等式即可推得

$$F_k = F_l F_{k-l} + F_{l-1} F_{k-(l+1)}$$

我们对 l 用数学归纳法证明这个等式.

i) 当 $l = 1$ 时,等式为

$$F_k = F_{k-1} + F_{k-2}$$

即循环方程,显然是成立的;

ii) 假定等式对于 $l-1$ 成立,则有

$$F_k = F_{l-1}F_{k-(l-1)} + F_{l-2}F_{k-l} = F_{l-1}(F_{k-l} + F_{k-(l+1)}) + F_{l-2}F_{k-l} =$$
$$(F_{l-1} + F_{l-2})F_{k-l} + F_{l-1}F_{k-(l+1)} = F_l F_{k-l} + F_{l-1}F_{k-(l+1)}$$

即等式对 l 也成立.

即
$$\left[\frac{F_l}{F_{l-1}}M\right] < \frac{F_{k+1}}{F_k}M < \left[\frac{F_l}{F_{l-1}}M\right]+1$$

所以
$$\left[\frac{F_{k+1}}{F_k}M\right] = \left[\frac{F_l}{F_{l-1}}M\right] \quad k>l \qquad (59)$$

于是
$$\left[\frac{F_{k+1}}{F_k}(F_k+M)\right] = F_{k+1} + \left[\frac{F_{k+1}}{F_k}M\right] =$$
$$F_{k+1} + \left[\frac{F_l}{F_{l-1}}M\right] =$$
$$F_{k+1} + f(M) = f(F_k+M)$$

这样式(57)获得全证.

另一方面,从上面的证明中可以看出,形如(58)的不等式,从而形如(59)的等式,只要 $k>l$,总是成立的.现在任取一个充分大的 $k>n$,就有

$$\left[\frac{F_n}{F_{n-1}}\mu\right] = \left[\frac{F_{k+1}}{F_k}\mu\right] \quad k>n$$

所以 $\quad f(\mu) = \left[\frac{F_n}{F_{n-1}}\mu\right] = \left[\frac{F_{k+1}}{F_k}\mu\right] \quad k>n$

既然上式对任意大的 $k(k>n)$ 都成立,于是可用

$$\lim_{k\to\infty}\frac{F_{k+1}}{F_k} = \frac{1+\sqrt{5}}{2}$$

来代替等式 $f(\mu) = \left[\frac{F_{k+1}}{F_k}\mu\right]$ 中的比值 $\frac{F_{k+1}}{F_k}$,可得

$$f(\mu) = \left[\frac{1+\sqrt{5}}{2}\mu\right]$$

从而即有
$$f(2\mu) = \left[(1+\sqrt{5})\mu\right]$$

证明 $f(n) = \left[\frac{1+\sqrt{5}}{2}n\right], g(n) = \left[\frac{3+\sqrt{5}}{2}n\right]$ 就

满足要求，其中 $[x]$ 为高斯函数.

为了验证方便，我们设
$$\frac{1+\sqrt{5}}{2}=\alpha,\ \frac{3+\sqrt{5}}{2}=\beta$$

则有
$$\left.\begin{array}{r}\beta=\alpha^2\\ \alpha^2-\alpha-1=0\end{array}\right\}\Rightarrow \beta=\alpha+1\Rightarrow \beta n=n\alpha+n\Rightarrow$$
$$\{\beta n\}=\{\alpha n\}$$

（$\{x\}$ 表示 x 的小数部分）故可设
$$\begin{array}{l}\alpha n=[\alpha n]+\theta_n\\ \beta n=[n\beta]+\theta_n\end{array}\quad 0<\theta_n<1$$

于是 $\quad \alpha n+\beta n=[\alpha n]+[\beta n]+2\theta_n$

又注意到
$$\alpha\beta=\alpha+\beta$$

故 $\quad \alpha\beta n=\alpha n+\beta n$

又 $\quad \alpha\beta n=\alpha[\beta n]+\alpha\theta_n=[\alpha[\beta n]]+\theta'_n+\alpha\theta_n$

这里 $0<\theta'_n<1$，有

$f(g(n))=f(n)+g(n)\Leftrightarrow [\alpha[\beta n]]=$
$$[\alpha n]+[\beta n]\Leftrightarrow \Delta_n=(\theta'_n+\alpha\theta_n)-2\theta_n=$$
$$0\Leftrightarrow \Delta_n=(2-\alpha)\theta_n-\theta'_n=0$$
$$1<\alpha=\frac{1+\sqrt{5}}{2}<2\Rightarrow\left.\begin{array}{l}0<2-\alpha<1\\ 0<\theta_n<1\end{array}\right\}\Rightarrow$$
$$0<(2-\alpha)\theta_n<1$$
$$\left.\begin{array}{l}0<(2-\alpha)\theta_n<1\\ 0<\theta'_n<1\end{array}\right\}\Rightarrow -1<(2-\alpha)\theta_n-\theta'_n<1$$

而 $\Delta_n=[\alpha[\beta n]]-[\alpha n]-[\beta n]\in \mathbf{Z}$，所以 $\Delta_n=0$，即 $[\alpha[\beta n]]=[\alpha n]+[\beta n]$.（证毕）

古语道："学贵知疑，疑者，觉悟之机也."一个自

然的问题又提出来了:为什么要在数学竞赛中反复地出现$[n\alpha]$与$[n\beta]$这两个函数?这两个函数又有何来历?

早在 1907 年威索夫研究并提出了一种现在以他的名字命名的游戏:

地上摆了两堆数量不同的石子,甲、乙两人轮流从其中拣起石子,每次可以从任何一堆中拣起任意多个石子,也可以从两堆中同时拣起一样多的石子. 谁恰好拣起最后的石子,谁就赢.

中国已故的数论大师闵嗣鹤先生在中国最早的一本中等数学杂志《中国数学杂志》(1952 年第 1 期)中证明了:如果两堆石子,一堆是$\left[\dfrac{1+\sqrt{5}}{2}n\right]$,另一堆是$\left[\dfrac{3+\sqrt{5}}{2}n\right]$,那么先拣者必输无疑,如果两堆不恰好是$[\alpha n]$和$[\beta n]$,则先拣者总有办法能赢. (详细证明可参见《数学竞赛》5,湖南教育出版社)

这样一个历史名题在数学竞赛中有所反映是很自然的,恰好在第 20 届 IMO 举行的 1978 年的全苏联中学生数学竞赛中也出现了以威索夫游戏为背景的试题.

例 6 有两堆火柴,一堆中有 m 根,另一堆中有 n 根,$m>n$,两个人轮流各从一堆中取火柴,每次从一堆中所取火柴的根数(异于 0)是另一堆中火柴根数的倍数,能在一堆中取最后一根火柴的人就赢.

(1)证明:如果 $m>2n$,那么第一个取火柴的人能保证自己赢.

(2)当 α 取何值时下列结论成立:如果 $m>\alpha n$,则

先取火柴的人能保证自己赢.

由威索夫博弈的方法容易断定:当 $\alpha \geqslant \dfrac{1+\sqrt{5}}{2}$ 时,先取者必胜.(详细证明可见《全苏数学奥林匹克试题》,山东教育出版社)

§8 围棋盘上的游戏

1986 年倪进和朱明书在《智力游戏中的数学方法》(江苏教育出版社)中将其与围棋盘上的游戏结合起来.

图 1 是普通的围棋盘,它有 $18 \times 18 = 324$(个)小的正方形格子,在右上顶处的格子里标有"▲"的符号代表山顶.游戏由 A, B 两人来玩:由 A 把一位"皇后"(以一枚棋子代表)放在棋盘的最下面一行或最左边一列的某个格子里,然后由 B 开始,两人对弈."皇后"只能向上、向右或向右上方斜着走,每次走的格数不限,但不得倒退,也不得停步不前;谁先把"皇后"走进标有"▲"的最右最上的那格就得胜.

显然,双方对弈下去绝不可能出现"和棋",在有限个回合后,必有一胜一负.

1. 游戏的策略

为了扼要说明"制高点"的意义,不妨先考虑简化的问题,在 8×8 格的国际象棋盘上讨论"皇后登山"游戏,参见图 2.

如果 A 把皇后走进图 2 中带阴影的格子,由 B 就可一步把皇后走到山顶而获胜.因此,任何一方都应该

Beatty 定理与 Lambek-Moser 定理

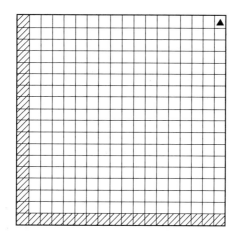

图 1

避免把皇后走进有阴影的格子,而都应该迫使对方不得不把皇后走到带阴影的格子里去.

从图 2 中尚可看到,如果 B 能把皇后走进标号为 ① 或 ② 的格子,那么 A 只能把皇后走进有阴影的格子;由此我们可以明白,如果谁占领了 ① 或 ②,只要以后走法得当,就必操胜券,所以 ① 和 ② 这两个位置就像军事上的"制高点".

那么,怎样才能占领 ① 或 ② 呢?请参看图 3. 如果 A 把皇后走进有虚线的方格 ⦂ 或 ⋯ 或 ∴ 里,则 B 就能占领 ① 或 ②,从而获胜. 而 B 又怎样能迫使 A 不得不把皇后走进有虚线的方格呢?同样的分析方法,只要 B 能够占领第二对制高点 ③ 或 ④ 的任一格.

继续运用上述分析方法(数学里称之为递推法),就可以最终得到围棋盘上的全部制高点,请参看图 4.

在图 4 中共有 12 个制高点,它们可分为 6 组:① 和

②,③和④,⑤和⑥,⑦和⑧,⑨和⑩,⑪和⑫,每组里的两个制高点关于山顶是对称的.

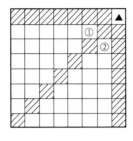

图2

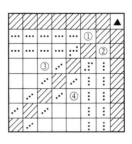

图3

一旦制高点分布的秘密被参加游戏者掌握,按游戏的规则,B 就必胜无疑.因为在最左一列和最下一行里都没有制高点,所以不论 A 把皇后如何放,B 第一步就可抢占到一个制高点(或者 B 第一步就直接到达▲),往后 B 总能在每一步都抢占制高点,直到最后胜利.但是,我们仍感"白璧有瑕",是不是游戏者要携带一张图4,一边对照着图一边弈棋.参照图4的坐标记法,再根据对称性,只要记住六个制高点的坐标

$$A_1(1,2),A_2(3,5),A_3(4,7)$$
$$A_4(6,10),A_5(8,13),A_6(9,15)$$

这样,谁能先抢占这种位置,就可稳操胜券.

然而,蔑视辩证法是不能不受惩罚的.当"皇后登山"游戏的秘密被揭开之时,游戏的末日也就来临了.

2. 数列与级数

前面我们粗略地考察了 18×18 格棋盘上的皇后登山问题,弄清共有12个制高点,由对称性,可以把它们归为6个不同的组,或者说只有6个本质不同的制

Beatty 定理与 Lambek-Moser 定理

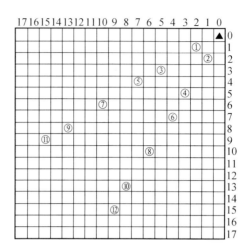

图 4

高点.用同样的方法,可知在 19×19 格棋盘上有 14 个制高点,而在对称意义下则只有 7 对.现在自然会问:在 $30\times 30, 40\times 40, \cdots, 100\times 100$(一般 $N\times N$)格的棋盘上,制高点分布有什么规律?

仿照前面已引进的坐标记法,把制高点按自然顺序排为 $(1,2),(3,5),(4,7),(6,10),(8,13),(9,15)$, $(11,18),\cdots$;对称性的意思在这里就是 $(1,2)$ 与 $(2,1),(3,5)$ 与 $(5,3)$,等等,都只需用其中的一个来代表即可,不必赘述.

亲爱的读者,您注意到图 4 上制高点分布的几何特征了吗?

除了可看出 ① 与 ②,③ 与 ④,⑤ 与 ⑥ 等皆关于棋盘对称以外,制高点的总体分布呈现出很强的直觉上的规律性,形状宛如"人"字形的两行飞雁,相交于山顶"▲".

倘若读者已感兴趣,请不辞辛劳,花点时间在更大

的棋盘上把制高点画出来,例如 $30\times 30,40\times 40$. 说实在的,我们曾一直求至第 100 个制高点,希望能由此而获得发现的快乐,并以此作为报偿.

实际上我们并不是每次必须画出 $N\times N$ 格的棋盘,而是暂时脱离几何图形,转向数学分析的方法,把已经研究过的制高点列成一张表,并试图找寻某种规律,使之能把这张表扩充下去. 开始我们先把 ①,②,…,⑥ 这 6 个制高点的坐标 $A_1(1,2), A_2(3,5), A_3(4,7), A_4(6,10), A_5(8,13)$ 和 $A_6(9,15)$ 按照 $A_n(x_n, y_n)$ 的形式列进表 5 里去,并记 $x_n = f(n), y_n = g(n)$. 可发现一个很明显的规律

$$g(n) = n + f(n) \qquad (60)$$

表 5

n	1	2	3	4	5	6	7	8	9	10	11	12	13	14
$f(n)$	1	3	4	6	8	9	11	12	14	16	17	19	21	22
$g(n)$	2	5	7	10	13	15	18	20	23	26	28	31	34	36
n	15	16	17	18	19	20	21	22	23	24	25	26	27	28
$f(n)$	24	25	27	29	30	32	33	35	37	38	40	42	43	45
$g(n)$	39	41	44	47	49	52	54	57	60	62	65	68	70	73
n	29	30	31	32	33	34	35	36	37	38	39	40	41	42
$f(n)$	46	48	50	51	53	55	56	58	59	61	63	64	66	67
$g(n)$	75	78	81	83	86	89	91	94	96	99	102	104	107	109

这说明如果我们想确定第 n 个本质的制高点时,只需在 $f(n)$ 和 $g(n)$ 中确定一个即可. 例如倘若对于任给的正整数 n,能求出 $f(n)$,便完全解决了问题. 似乎到此已找到了解开谜的关键. 但是,对于数学家来

说,式(60)是否关于任何正整数 n 都成立的问题必须用数学方法证明. 为了加强信念,我们可以先扩大表 5,再多求出一些制高点,在表中出现的有限多的情况都符合式(60). 后来,经证明,关系式(60)确实是普遍成立的. 然而式(60)只给出 $n,f(n),g(n)$ 之间的一个关系,还不能解决从 n 求出 $f(n)$ 和 $g(n)$ 的问题. 后来的事实反过来说明,这后一个问题的求解是十分困难的.

3. 探索

现在让我们一起来审视表 5:第一行是自然数序列;第二行是自然数序列的一个子序列,也即当 $n,m \in \mathbf{N}$,且 $n < m$ 时,必有 $f(n) < f(m)$,而 $\mathbf{N}$ 表示自然数集合;第三行也具有第二行的类似性质,并且还有上节中的式(60),它说明表 5 里每个列中的 $n,f(n),g(n)$ 之间的关系,但是到现在为止的一些结果尚不足以完全解开谜.

让我们再对数列 $f(n)$ 和 $g(n)$ 考察一番. 1,3,4,6,8,9,… 是一个严格递增的自然数序列,有些自然数未出现在其中. 而那些所缺的自然数恰在表示 $g(n)$ 的第三行中出现,也即表 5 里的第二行中所未出现的自然数恰好在第三行中按从小到大的顺序依次出现. 这是一个新的重大发现,可以和关系式(60)相提并论. 有了这些性质以后,就较为容易发现构造表 5 的递推法则:

假设我们已求得 $f(1),f(2),\cdots,f(n)$ 和 $g(1),g(2),\cdots,g(n)$,则集合 $S_n = \{f(1),f(2),\cdots,f(n);g(1),g(2),\cdots,g(n)\}$ 便已确定. 设 T_n 是 S_n 关于自然数集 $\mathbf{N}$ 的余集,也即 $T_n = \mathbf{N} - S_n$,则 $f(n+1)$ 即是 T_n

中最小的自然数

$$g(n+1) = n + 1 + f(n+1) \quad (61)$$

由式(60)和法则(61),据数学归纳法,只要写出表 5 的第一列,就可相继写出其他各列,而且在具体执行时(用手算)还用不着写出 S_n 和 T_n,只需用到左边已经写出的各列.

4. 思索

我们已经把谜底交给读者了,但是实际猜谜的过程因人而异,由不同的思路,循不同的线索,存在许多解法.例如有人试图研究表 5 的第二行,想从数列 $f(n) = \{1,3,4,6,8,9,11,12,14,16,17,\cdots\}$ 中找寻规律.从其中可看出的性质有:出现的自然数最多只有两个是紧接的(例如 $3,4;8,9;11,12;16,17;\cdots$),而缺少的自然数排列起来正是 $g(n)$ 数列,希望能从中找出某种简单的规律性或某种形式的周期性.其中一定有规律是毫无疑问的,然而这个规律是不是很简单(可用简单公式表达出来)却不是能预料的.有人又想到,在较大的棋盘上,把更多的制高点画上去,看看有什么几何特点,结果发现两排对称的制高点仍旧形如"人"字飞雁,而且对应于表 5 的一行飞雁 $(1,2),(3,5),(4,7),(6,10),\cdots$ 几乎都在一条直线附近(这条直线的斜率 $=$? 是非常有趣和有意思的问题).

现在我们再回到表 5,根据式(60)和法则(61),有了第一个本质制高点 $(1,2)$ 后,便可完全决定表 5.它在原则上可以无限地构造下去,所以表 5 本质上是一张无穷的表(无穷矩阵),根据这张表,任意的 $N \times N$ 格棋盘上的皇后登山游戏问题便都解决了.至此,是否一切有关问题均已研究完毕? 这却是一个可争议的问题.

5. 问题的变形

新中国成立的初期,《中国数学杂志》(即后来的《数学通报》)上刊登了我国数学界老前辈闵嗣鹤教授的"由拣石子得到的定理"一文.

该文从两人拣石子游戏谈起,饶有风趣地引入数论中一个定理的探讨及证明.题设有两堆石子,分别有 m,n 粒石子,A,B 两人依次轮流取石子;每次至少取走一粒,规定可从任一堆石子中取走任何多少粒,若同时在两堆中取石子,则必须每堆中被取走的粒数相同(取出的石子不再放回去),谁先把石子取光就算得胜.论文的中心课题是:这种游戏有没有取胜秘诀(设 $m,n \geqslant 1$).

乍一看,A 在两堆石子 $\{m,n\}$ 中取有很多取法,例如 A 可以取成 $\{0,n\},\{m,0\},\{a,b\}$,而 $0 \leqslant a = m-x < m, 0 \leqslant b = n-x < n$,等等. 把 A 取石子后所成的新的两堆石子记为 $\{m_1,n_1\}$(当 m_1 和 n_1 中有 0 时,实际上不是两堆石子),然后由 B 来取;这样轮流下去,直到决出胜败,不可能有"和棋"的情况. 每一方都不知道对方将会怎样取石子,只能决定自己怎样取,这种拣石子游戏有必胜法吗?

我们建议大家再一次运用美国数学家波利亚(G. Pólya)在《怎样解题》(HOW TO SOLVE IT)一书中反复告诫的方法"倒着干". 如果 A 被逼得只能把石子取成 $\{0,n_k\},\{n_k,0\}$ 或 $\{n_k,n_k\}$ 的形式($n_k \geqslant 1$),则 B 就可必胜. 对于一般形式 $\{m,n\}$ 表示的两堆石子,以后我们总可假设 $m \leqslant n$ 并且记为 (m,n). 通过不多几次的试探,很快可以发现,谁能把两堆石子取成 $(1,2)$,

Beatty Theorem and Lambek-Moser Theorem

$(3,5),(4,7),(6,10),\cdots$ 就能有必胜之法.

啊,原来闵先生的"拣石子游戏"与"皇后登山"是貌异实同的,用数学行话来说,它们本质上是"同构的".

读者还可把这种游戏改头换面化妆成另外的游戏:由 A 在 $2\times N$ 格的棋盘上任意放两位皇后 Q_1 和 Q_2,如图 5 所示.

图 5

然后,由 B 开始先走棋,如果走一个皇后,则可把任一皇后向右(向 E 方向)走任意多少格;如果同时走两个皇后,则必须向右同时走相同的格子;不得不走棋,也不可倒走;这样轮流走棋,直至谁先把两个皇后都走到终点 E(而另一方无棋可走时),即获胜.

图 5 中 $N=19$ 不是本质的,而 Q_1 和 Q_2 至 E 的空格数目 16 和 13 却是决定这一盘游戏的关键,可记为 $(13,16)$. 它不是"制高点",所以 A 这样放 Q_1 和 Q_2 是一个失着. B 如掌握秘诀,他就应把棋走成 $(8,13)$ 或 $(4,7)$,往后只要不犯错误,便必可取胜.

这些面目不同的游戏,在数学家看来,实质上只是一个游戏. 它们由表 5 和式(60)及法则(61)所完整地解决了.

现在我们列出闵嗣鹤教授用初等方法推得的结果:对于任意给定的自然数 n,直接计算 $f(n)$ 的公式如下

Beatty 定理与 Lambek-Moser 定理

$$f(n) = \left[\frac{1+\sqrt{5}}{2}N\right] \qquad (62)$$

其中 $[x]$ 是指不超过 x 的最大整数;再与式(60)联合,即可计算 $g(n)$.

§9 两个《美国数学月刊》征解题

1982 年,北京大学马希文教授曾在《中学生数学》(中国数学会、北京数学会、首都师范大学办)中向中学生介绍几个有趣的自然数函数. 其中他举了如下例子

$$f(n) = \begin{cases} 1 \\ \text{不存在 } f(1),\cdots,f(n-1),g(1),\cdots,g(n-1) \text{ 中} \\ \text{出现的最小正整数} \end{cases}$$

$$g(n) = f(n) + n$$

即要计算 $f(n)$ 必须先计算

$$f(1),\cdots,f(n-1);g(1),\cdots,g(n-1)$$

马希文先生指出这两个函数是从研究威索夫博弈中得来的,其实 $f(n),g(n)$ 就是 $[\alpha n]$,$[\beta n]$,其中 $\alpha = \frac{1+\sqrt{5}}{2}$,$\beta = \frac{3+\sqrt{5}}{2}$. 关于 $f(n)$ 和 $g(n)$ 这两个不同定义的等价性,早在 1952 年《美国数学月刊》(*American Mathematical Monthly*)59 卷第一期中的第 4399 号征解问题中证明了,原题为:

试题 4 设 $f(n)$ 和 $g(n)$ 为由下列三个条件所确定的两个自然数列:

(1) $f(1) = 1$;

(2) $g(n) = na - 1 - f(n)$, a 是一个大于 4 的整数；

(3) $f(n+1)$ 是与 $2n$ 个数: $f(1), f(2), \cdots, f(n); g(1), g(2), \cdots, g(n)$ 不同的最小自然数.

证明: 存在常数 α 和 β, 使得
$$f(n) = [\alpha n], g(n) = [\beta n]$$

证明 设 α, β 为 $x^2 - ax + a = 0$ 的根, 因 $a > 4$, 故 $\Delta = a^2 - 4a > 0$, 所以 $\alpha, \beta \in \mathbf{R}$, 且取 $\alpha < \beta$, 则由韦达定理有

$$\alpha + \beta = a, \alpha\beta = a \Rightarrow \frac{1}{\alpha} + \frac{1}{\beta} = 1 \quad 1 < \alpha \leqslant 2, 2 \leqslant \beta$$

此外, α, β 必须都是无理数, 因为假设有一个为有理数, 那么能推出 $\alpha, \beta \in \mathbf{Z} \Rightarrow \alpha = 2, \beta = 2, a = 4$, 与 $a > 4$ 矛盾.

下面我们来验证这样的 α, β 满足三个条件:

(1) 因 $1 < \alpha < 2$, 显然 $[\alpha \times 1] = 1$.

(2) 对于 $n \geqslant 1$, 注意到 $a \in \mathbf{Z}$, 则
$$g(n) = [\beta n] = [(a - \alpha)n] = na - 1 - [\alpha n] = na - 1 - f(n)$$

(3) i) 先验证 $\{[\alpha n]\} \cap \{[\beta n]\} = \varnothing$.

假设 $[\alpha n] = [\beta m] = k$, 其中 $m, n \in \mathbf{N}$, 则
$$\alpha n = k + \theta$$
$$\beta m = k + \varphi$$

其中, $0 < \theta < 1, 0 < \varphi < 1$, 并且有
$$n + m = k(\frac{1}{\alpha} + \frac{1}{\beta}) + \frac{\theta}{\alpha} + \frac{\varphi}{\beta} = k + \frac{\theta}{\alpha} + \frac{\varphi}{\beta}$$

因为 $0 < \frac{\theta}{\alpha} + \frac{\varphi}{\beta} < \frac{1}{\alpha} + \frac{1}{\beta} = 1$, 所以 $\alpha\theta + \beta\varphi \notin$

$\mathbf{Z}$,这与 $n+m \in \mathbf{Z}$ 矛盾.因此对任何 $m,n \in \mathbf{N}$,都有 $[\alpha n] \neq [\beta m]$.

ii) 再验证 $f(n),g(n)$ 都是严格增函数,且
$$g(n) > f(n) [\alpha(n+1)] = [\alpha n + \alpha] \geqslant$$
$$[\alpha n] + [\alpha] = [\alpha n] + 1$$
$$[\beta(n+1)] \geqslant [\beta n] + [\beta] = [\beta n] + 2[\alpha n] + 1$$

iii) 对每一个 $k \in \mathbf{N}$,则 k 不在 $\{f(n)\}$ 中出现就在 $\{g(n)\}$ 中出现,设 $n = \left[\dfrac{k+1}{\alpha}\right]$:

如果 $n > \dfrac{k}{\alpha}$,则
$$k < \alpha n < \dfrac{\alpha(k+1)}{\alpha} = k+1 \Rightarrow [\alpha n] = k$$

如果 $n < \dfrac{k}{\alpha}$,则
$$\left.\begin{array}{l}\beta(k-n) > \beta k - \dfrac{\beta}{\alpha}k = \beta k\left(1-\dfrac{1}{\alpha}\right) = k \\ \beta(k-n) < \beta k - \beta\left(\dfrac{k+1}{\alpha}-1\right) = k+1\end{array}\right\} \Rightarrow$$
$$[\beta(k-n)] = k$$

由 i) $\sim$ iii) 可知:

$[\alpha(n+1)]$ 为异于 $[\alpha 1],[\alpha 2],\cdots,[\alpha n]$;$[\beta 1]$,$[\beta 2],\cdots,[\beta n]$ 的最小自然数.故条件(1)(2)(3)恰是 $f(n),g(n)$ 的定义,由 α,β 的选取知这样的序列是唯一的,故 $f(n) = [\alpha n]$,$g(n) = [\beta n]$.(证毕)

其实从严格的意义上讲这个征解问题也并不是一个新题.如前所述,因为早在 1926 年加拿大多伦多大学的 S·贝蒂在同一刊物的 33 期中就曾提出并证明了如下的问题(编号为 3177):

Beatty Theorem and Lambek-Moser Theorem

试题 5 如果 z 是一正无理数,而 $\bar{y}$ 是它的倒数,证明在每一对相邻的正整数间,序列
$$(1+z), 2(1+z), 3(1+z), \cdots$$
$$(1+\bar{y}), 2(1+\bar{y}), 3(1+\bar{y}), \cdots$$
被且只被包含一个.

要证明试题 5 必须先证明如下的:

引理 3 设 $x=\dfrac{p}{q}, y=\dfrac{q}{p}$,其中 p,q 是正整数, $p<q, (p,q)=1$,而 $[x]$ 是高斯函数,则序列
$$a_1, a_2, \cdots, a_{q-1} \quad a_i = i(1+x) \quad 1 \leqslant i \leqslant q-1$$
$$b_1, b_2, \cdots, b_{p-1} \quad b_j = j(1+y) \quad 1 \leqslant j \leqslant p-1$$
具有以下性质:对应的序列 $\{[a_i]\}$ 与 $\{[b_j]\}$ 是整数 $1, 2, \cdots, p+q-2$ 无重复或遗漏的某种排列.

证明 我们首先分析一下什么样的数在 $\{[a_i]\}$ 中被遗漏

$$a_m = m(1+x) = m + \dfrac{mp}{q} = m+k+\dfrac{r}{q}$$

$$a_{m-1} = (m-1)(1+x) = m-1+k+\dfrac{(m-1)p}{q} =$$
$$m-1+k+\dfrac{r-p}{q}$$

其中, k, r 满足 $mp = kq + r, r < q$.

因此,当 $r < p$ 时, $[a_m] = m+k, [a_{m-1}] = m+k-2$,故 $m+k-1$ 被遗漏.

下面我们证明:当 $m+k-1$ 被遗漏时,它恰好出现在 $\{[b_j]\}$ 中. 因为当 $r < p$ 时

$$b_k = k + \dfrac{kq}{p} = k + \dfrac{mp-r}{p} = m+k-\dfrac{r}{p}$$

故 $[b_k] = m+k-1$

73

我们将所有在$\{[a_i]\}$中漏掉的数用上面的办法找回来
$$m_1 p = q + r_1$$
$$m_2 p = 2q + r_2$$
$$\vdots$$
$$m_k p = kq + r_k \quad 1 \leqslant r_k < p < q, k \leqslant p-1$$
很显然$m_1 \geqslant 2$,且$m_k \geqslant m_{k-1}+1$,所以在$\{[a_i]\}$中被漏掉的数为$m_1, m_2+1, m_3+2, \cdots, m_{p-1}+p-2$.而这些数都刚好出现在$\{[b_j]\}$中.(引理3证毕)

现在我们来证明试题5,如果z是一个无理数,$0 < z < 1, \bar{y} = \frac{1}{z}$,则由有理数对无理数的逼近定理知
$$z - \frac{p}{q} = \varepsilon_1 = \frac{\theta_1}{q^2}$$
$$y' - \frac{q}{p} = \varepsilon_2 = \frac{\theta_2}{p^2}$$
其中$|\theta_i| < 1 (i=1,2)$.故我们可以构造一个新的序列,令
$$z' = z - \varepsilon_1$$
$$y' = \bar{y} - \varepsilon_2$$
则$z' = \frac{p}{q}, y' = \frac{q}{p}$,得到新序列如下
$$\{[i(1+z')]\} \quad 1 \leqslant i \leqslant q-1$$
$$\{[j(1+\overline{y'})]\} \quad 1 \leqslant j \leqslant p-1$$
由引理3知是依某种顺序取遍整数$1,2,\cdots,p+q-2$,因为
$$|i\varepsilon_1| < \frac{1}{q}$$
$$|j\varepsilon_2| < \frac{1}{p}$$

Beatty Theorem and Lambek-Moser Theorem

按收敛的 $\frac{p}{q}$ 阶的增加,我们能无限地增大 p 和 q,因此这些序列趋于问题中的序列.

贝蒂的证明很巧妙,它先证明了一个易于处理的有理数问题,然后通过有理数对无理数的逼近定理过渡到无理数的情形.

次年由奥斯特洛夫斯基和艾特肯在《美国数学月刊》第 34 卷第 159 页给出了一个简单的证明.

正是由于有了这样一个漂亮的初等证明,使得贝蒂定理成为 1959 年 11 月 21 日举行的第 20 届美国普特南数学竞赛试题 B—6.

后来这一问题引起了许多人的兴趣,此类文章陆续出现在一些数学杂志上,如 1962 年 H·格罗斯曼(H. Grossman)在《美国数学月刊》532 页上发表了"一个包括所有整数的集合"的有趣文章,1976 年 S·W·高勒姆(S. W. Golomb)在《数学杂志》49 期的 187 页上以"销售税"为题再次讨论了这个问题. 1952 年苏联著名数论大师伊凡·马脱维也维赤·维诺格拉多夫院士出版了他的《数论基础》,在书中维氏罗列了大量的习题,正如华罗庚教授在为其中译本所写的序中所指出的那样:"这些问题大部分都是有根据有源流的,很多是历史上的著名问题."其中第二章的问题 3 即为贝蒂定理的另一种形式:

试题 6 设 α,β 是这样的正数,使得下面的数

$$[\alpha x]: x=1,2,\cdots$$
$$[\beta y]: y=1,2,\cdots$$

共同组成全部自然数列而且没有重复. 证明:

这事实在而且只在 α 是无理数并且 $\dfrac{1}{\alpha}+\dfrac{1}{\beta}=1$ 时才成立.

§10 贝蒂定理与两道竞赛题

贝蒂定理作为一个初等数论定理确实是既精巧别致,又有源流,所以在竞赛中经常会被用到,下面的试题是第 28 届 IMO 预选题:

试题 7 求出方程 $\left[n\sqrt{2}\right]=\left[2+m\sqrt{2}\right]$ 的所有整数解,其中 $[x]$ 为高斯函数.

解 设 $m\in\mathbf{N}, n\in\mathbf{N}$,则显然有 $n>m$,且
$$\left[(m+3)\sqrt{2}\right]=\left[m\sqrt{2}+3\sqrt{2}\right]>\left[m\sqrt{2}\right]+4$$
所以 $n=m+1$ 或 $n=m+2$.

在贝蒂定理中取 $\alpha=\sqrt{2}, \beta=2+\sqrt{2}$,则
$$\frac{1}{\alpha}+\frac{1}{\beta}=1$$
故 $\{\left[m\sqrt{2}\right]\}$ 和 $\{\left[(2+\sqrt{2})h\right]\}$ 为互补序列.

i) 若 $n=m+1$,因
$$2>\left[(m+1)\sqrt{2}\right]-\left[m\sqrt{2}\right]>1$$
故 $\left[m\sqrt{2}\right]$ 与 $\left[(m+1)\sqrt{2}\right]$ 之间含且仅含一个整数. 由贝蒂定理知一定为 $\left[(2+\sqrt{2})h\right]$ 型,即
$$m\sqrt{2}<(2+\sqrt{2})h<(m+1)\sqrt{2}\Rightarrow$$
$$m<(\sqrt{2}+1)h<m+1$$
即 $m=\left[(\sqrt{2}+1)h\right]$.

ii) 若 $n=m+2$,则 $[(m+2)\sqrt{2}]=[m\sqrt{2}]+2$,故 $[m\sqrt{2}]$ 与 $[(m+2)\sqrt{2}]$ 间一定含有一个整数. 因为 $[m\sqrt{2}]<[(m+1)\sqrt{2}]<[(m+2)\sqrt{2}]$,所以 $[m\sqrt{2}]$,$[(m+1)\sqrt{2}]$,$[(m+2)\sqrt{2}]$ 是三个连续整数. 又由于

$$3<[(2+\sqrt{2})(h+1)]-[(2+\sqrt{2})h]\leqslant [2+\sqrt{2}+1]=4$$

所以 $[m\sqrt{2}]$ 前面的整数为 $[(2+\sqrt{2})h]$,$[n\sqrt{2}]$ 后面的整数为 $[(2+\sqrt{2})(h+1)]$,并且 $[(2+\sqrt{2})h]$ 前面的整数是 $[(m-1)\sqrt{2}]$,从而

$$(m-1)\sqrt{2}<(2+\sqrt{2})h<m\sqrt{2}<(m+2)\sqrt{2}<(2+\sqrt{2})(h+1) \Rightarrow$$
$$(m-1)<(1+\sqrt{2})h<m<m+2<(1+\sqrt{2})(h+1)$$

故 $m=[(1+\sqrt{2})h]+1$. (解毕)

最为有趣的是 H·W·戈劳德(H. W. Gould)还将贝蒂定理与著名的斐波那契数列联系起来. 他在很有名的《斐波那契季刊》(*The Fibonacci Quarterly* 3 P. 117) 中发表了"非斐波那契数"(Non-Fibonacci Numbers). 从中我们得到这样的启示. 能不能用斐波那契数列证明那些原来用贝蒂定理的竞赛试题呢? 应该是能的! 我们以试题 5 为例.

其实试题 5 原来只是要求 $f(240)$, 但由于最早将它介绍到我国来的 1978 年 8 月 19 日的《参考消息》印刷有误, 所以才变成为 $f(2n)$. 现在我们来求 $f(240)$.

解 设 $\{f_i\}$ 为斐波那契数列, 令 $b_i=f_{i+1}$, 则 $b_0=$

$1, b_1 = 1, b_2 = 2, b_3 = 3, b_4 = 5, \cdots$,则每一个 $n \in \mathbf{N}$,都可唯一表示为
$$n = a_k b_k + a_{k-1} b_{k-1} + \cdots + a_0 b_0$$
这里 $a_i \in \{0, 1\}(i = 0, \cdots, n)$,且没有两个相邻的 a_i 都等于 1. 我们称 $(a_k a_{k-1} \cdots a_0)$ 为 n 在斐波那契基下的表示,记为 $n = (a_k a_{k-1} \cdots a_0)_f$,例如
$$1 = (1)_f, 2 = (10)_f, 3 = (100)_f, 4 = (101)_f$$
$$5 = (1000)_f, 6 = (1001)_f, 7 = (1010)_f, \cdots$$

我们定义一个函数 $\mu(n)$,它表示 n 在斐氏基下尾部 0 的个数. 令
$$N_1 = \{n \mid \mu(n) \equiv 0 \pmod{2}\}$$
$$N_2 = \{n \mid \mu(n) \equiv 1 \pmod{2}\}$$
则 $N = N_1 \bigcup N_2$,且 $N_1 \bigcap N_2 = \varnothing$,并记 $f(n)$ 为 N_1 中的第 n 个元素,$g(n)$ 为 N_2 中的第 n 个元素.

下面我们给出一种在斐氏基下计算 $f(n)$ 的方法:我们规定 $f(n)$ 的值如下
$$f(n) = f((a_k a_{k-1} \cdots a_0)_f) = \begin{cases} (a_k a_{k-1} \cdots a_0 0)_f - 1 & \mu(n) \equiv 1 \pmod{2} \\ (a_k a_{k-1} \cdots a_0 0)_f & \mu(n) \equiv 0 \pmod{2} \end{cases}$$

容易计算
$$f(1) = f((1)_f) = (10)_f - 1 = 2 - 1 = 1$$
$$f(2) = f((10)_f) = (100)_f = 3$$
$$f(3) = f((100)_f) = (1000)_f - 1 = 5 - 1 = 4$$
$$\vdots$$
$$f(240) = f((100000001010)_f) =$$
$$(100000010100)_f =$$
$$377 + 8 + 3 = 388$$

以下只需证明:$f(n), g(n)$ 满足条件

$$g(n) = f(f(n)) + 1$$

对每一个
$$f(n) = (C_k C_{k-1} \cdots C_0)_f$$
$$\mu(f(n)) \equiv 0 \pmod 2$$
$$f(f(n)) = (C_k C_{k-1} \cdots C_0 0)_f - 1$$

则 $f(f(n)) + 1 = (C_k C_{k-1} \cdots C_0 0)_f$

则 $\mu(f(f(n))) \equiv 1 \pmod 2$

则 $f(f(n)) + 1 \in \mathbf{N}_2$,且恰好为 $g(n)$.

试题 8 已知数列 $\{x_n\}$ 与 $\{y_n\}$ 满足: $x_1 = 1, x_n + y_n = an - 1, a > 4, a \in \mathbf{N}^*$. 若 x_{n+1} 是除了 $x_1, x_2, \cdots, x_n, y_1, y_2, \cdots, y_n$ 之外最小的正整数,求证:存在常数 α, β,使得 $x_n = [\alpha n], y_n = [\beta n]$.($[x]$ 表示不超过 x 的最大整数.)

分析 应用贝蒂定理.

解 设 α, β 为 $x^2 - ax + a = 0$ 的两个根.因为 $a > 4$,所以 $\Delta = a^2 - 4a = a(a-4) > 0$,从而 $\alpha, \beta \in \mathbf{R}$.由韦达定理,$\alpha + \beta = \alpha\beta = a$,于是 $\frac{1}{\alpha} + \frac{1}{\beta} = 1$.

因为 $(a-3)^2 < \Delta = a^2 - 4a = (a-2)^2 - 4 < (a-2)^2$,所以判别式非完全平方数,因此 α, β 都是无理数.

不妨设 $\alpha < \beta$,则易知 $1 < \alpha < 2 < \beta$.由贝蒂定理,知 $\{[\alpha n]\} \cap \{[\beta n]\} = \varnothing, \{[\alpha n]\} \cup \{[\beta n]\} = \mathbf{N}^*$,且 $[\alpha n]$ 与 $[\beta n]$ 都是严格单调递增的.

又对 $\forall n \in \mathbf{N}^*$,$y_n - x_n = [\beta n] - [\alpha n] > \beta n - 1 - \alpha n = (\beta - \alpha)n - 1 = n\sqrt{a^2 - 4a} - 1 > 0$,即 $y_n > x_n$,所以 x_{n+1} 是除了 $x_1, x_2, \cdots, x_n, y_1, y_2, \cdots, y_n$ 之外最小

的正整数.

综上

$$x_n = \left[\frac{a - \sqrt{a^2 - 4a}}{2} n\right], y_n = \left[\frac{a + \sqrt{a^2 - 4a}}{2} n\right]$$

满足要求.

§11 互补序列的进一步研究及其在数学竞赛中的应用

1954 年夏天,《美国数学月刊》发表了两位加拿大数学家 J·拉姆贝克和 L·莫斯尔对互补序列的进一步研究,他们首次将互补序列与互逆序列建立起了关系.

若对一个函数 $f(x)$ 来讲,如果有一个函数 f^* 使得 $f^*(f(x)) = x$,则称 f^* 为 f 的逆函数. 若还有 $f(f^*(x)) = x$,则 f 与 f^* 称为互逆函数. 如果两序列分别以两个互逆的函数 f 与 f^* 为其通项,则这两个序列 $\{f(n)\}$ 与 $\{f^*(n)\}$ 称为互逆序列.

拉姆贝克和莫斯尔研究了一类特殊的互逆序列,其通项是由如下可互逆函数定义的.

定义 $f(x)$ 是一个在 $x \geqslant 0$ 上严格递增的函数, $f^*(y) = \max\{x \geqslant 0 \mid f(x) \leqslant y\}$.

容易证明如此定义的 f 与 f^* 是互逆的,即有 $f^*(f(x)) = x$.

设 $f(x_d) = n$,现在 $f^*(n)$ 为使得 $f(x) \leqslant n$ 的最大的 x,亦即使得 $f(x) \leqslant f(x_d)$ 的最大的 x,显然 x_0 是满足这个不等式的一个值.因 f 是严格递增的,所以 x_0 就是最大的这样的 x,于是

$$f^*(n) = f^*(f(x_0)) = x_0$$

对任意 x_0 都成立.

拉姆贝克与莫斯尔证明了如下的:

定理 8 设 $F(n) = f(n) + n, G(n) = g(n) + n$, 则 $\{F(n)\}, \{G(n)\}$ 为互补序列的充要条件是 $\{f(n)\}$ 与 $\{g(n)\}$ 为互补序列, 即 $f^*(n) = g(n), g^*(n) = f(n)$.

证明见 §5.

令人惊奇的是在其他的数学分支中也有类似的结论, 例如 1958 年苏联沃罗涅日国立大学的克拉斯诺谢勒斯基对所谓的 N 函数也证明了类似的结论.

函数 f 称为 N 函数, 如果它能表示为形式

$$f(u) = \int_0^{|u|} p(t) dt$$

其中函数 p 对 $t \geqslant 0$ 是右连续的, 对 $t > 0$ 是正的和非减的, 并且满足

$$p(0) = 0$$
$$\lim_{t \to +0} p(t) = +\infty$$

设 p 是上述定义的函数, 对 $s \geqslant 0$, 定义函数 q 为

$$q(s) = \sup_{p(t) \leqslant s} t$$

(实际上 $q(s)$ 为 p 的逆函数), 则函数 $f(u) = \int_0^{|u|} p(t) dt$ 和 $g(v) = \int_0^{|v|} q(s) ds$ 为互补函数.

拉姆贝克和莫斯尔定理的提出为数学竞赛注入了新的活力, 它从两个方面开拓了命题的新方向.

一是逆序列的概念及性质开始出现在数学竞赛的试题中, 例如第 26 届 IMO 预选题中有一题为:

试题 9 定义自然数集 $\mathbf{N} \to \mathbf{N}$ 的函数 f 为

$$f(n) = \left[\frac{3-\sqrt{5}}{2}n\right]$$

$$F(k) = \min\{n \in \mathbf{N} \mid f^k(n) > 0\} \quad (63)$$

其中 $f^k = f \circ f \circ \cdots \circ f$ 为 f 复合 k 次. 证明

$$F(k+2) = 3F(k+1) - F(k)$$

它的证明必须要用到可逆序列,先构造一个逆函数

$$G(m) = \min\{n \in \mathbf{N} \mid f(n) \geqslant m\}$$

事实上它等同于

$$f^*(m) = \max\{n \in \mathbf{N} \mid f(n) \leqslant m\}$$

所以 定有

$$f(G(m)) = m$$

且容易验证: $G(m) = 3m - f(m)$.

并且利用式(63)可以证明

$$F(k+1) = G(F(k))$$

所以可得

$$\begin{aligned}F(k+2) &= G(F(k+1)) = \\ &\quad 3F(k+1) - f(F(k+1)) = \\ &\quad 3F(k+1) - f(G(F(k))) = \\ &\quad 3F(k+1) - F(k)\end{aligned}$$

可以看出可逆函数 $G(m)$ 在解题中扮演了重要的角色.

然后是互补序列和互逆序列的相互关系的应用,L-M 定理为我们提供了互补序列和互逆序列相互转化的方式,可分以下几种类型:

类型一:已知 $\{F(n)\}$,$\{G(n)\}$ 为互补序列,已给 $F(n)$ 的表达式,求 $G(n)$ 的表达式.

解法是:由 $F(n) = f(n) + n \Rightarrow f(n) = F(n) -$

$n \Rightarrow f^*(n) = (F(n)-n)^* \Rightarrow G(n) = f^*(n)+n$. 公式为: $G(n) = (F(n)-n)^* + n$.

i) 当 $F(n) = n^2$ 时即为第 27 届普特南数学竞赛试题.

ii) 当 $F(n) = 3n^2 - 2n$ 和 $\left[\dfrac{n^2+2n}{3}\right]$ 时即为第 29 届 IMO 预选题.

类型二:证明对于参数 u, v, 存在互补序列.

这类问题是证明存在性的,往往可以构造出来. 如 1985 年第 26 届 IMO 候选题.

试题 10 对实数 x, y, 令
$$S(x, y) = \{s \mid s = [nx+y], n \in \mathbf{N}\}$$
证明:若 $r > 1, r \in \mathbf{Q}$, 则存在 $u, v \in \mathbf{R}$, 使
$$S(r, 0) \bigcap S(u, v) = \varnothing$$
$$S(r, 0) \bigcup S(u, v) = \mathbf{N}$$

证明 由于 $r \in \mathbf{Q}$, 故可设 $r = \dfrac{p}{q}, p, q \in \mathbf{Z}$, 且由 $r > 1$ 知 $p > q$, 故可选取
$$u = \dfrac{p}{p-q} \quad \text{及} \quad v = -\dfrac{\varepsilon}{p-q}$$
其中 ε 是一个非零的充分小的正数(小到什么样子后面定). 由于
$$S(r, 0) = [nr] = \left[n\dfrac{p}{q}\right] =$$
$$\left[n + \dfrac{p-q}{q}n\right] = n + \left[\dfrac{p-q}{q}n\right]$$
$$S(u, v) = [nu+v] = \left[\dfrac{pn}{p-q} - \dfrac{\varepsilon}{p-q}\right] =$$

$$n + \left[\frac{nq - \varepsilon}{p - q}\right]$$

故由 L - M 定理可知：只需证明

$$f(n) = \left[\frac{p - q}{q}n\right], \quad g(n) = \left[\frac{nq - \varepsilon}{p - q}\right]$$

是互逆序列，即 $g(n) = f^*(n)$ 即可

$$f^*(n) = \max\{m \mid \left[\frac{p - q}{q}m\right] < n\}$$

考察不等式

$$\left[\frac{p - q}{q}m\right] < n \Rightarrow \left(\frac{p - q}{q}m\right) < n$$

由实数的连续性可知，一定存在一个充分小的 $\varepsilon > 0$，使得

$$\frac{\varepsilon}{q} + \frac{p - q}{q}m \leqslant n$$

ε 取不超过 $q(n + m) - pm$ 的实数，解上面的不等式可得

$$m \leqslant \frac{qn - \varepsilon}{p - q} \Rightarrow f^*(n) = \max m = \left[\frac{qn - \varepsilon}{p - q}\right] = g(n)$$

证毕.

4 年以后，在 1989 年捷克斯洛伐克数学奥林匹克中将上述预选题改编为如下试题：

试题 11 已知一对互素的正数 $p > q$，求所有的实数 c, d，使得集合

$$A = \{\left[\frac{np}{q}\right] \mid n \in \mathbf{N}\}$$

$$B = \{[cn + d] \mid n \in \mathbf{N}\}$$

满足 $A \cap B = \varnothing$，$A \cup B = \mathbf{N}$，这里 $\mathbf{N}$ 表示自然数集.

Beatty Theorem and Lambek-Moser Theorem

值得指出的是本题如不用 L-M 定理将会使证明变得非常复杂，并且得用到极限的手段，这样的证明可见《国际数学奥林匹克，国家队员竞选试题》（邓宗琦，陈传理，梁肇军，毛经中编，华中师范大学出版社）．

L-M 定理应用范围极广，由此可以编出许多数学竞赛试题，仅举两例：

试题 12　当 $F(n) = [e^m]$ 时，利用 L-M 定理可以证明第 n 个不是 $[e^m]$ 的形式的正整数是

$$G(n) = n + [\ln(n+1+[\ln(n+1)])]$$

这里 $m \geq 1$，e 表示自然对数的底，ln 为自然对数．

显然可将 $F(n)$ 改写成 $F(n) = n + [e^m - n]$，故 $f(n) = [e^m - n]$．所以只需证

$$f^*(n) = [\ln(n+1+[\ln(n+1)])]$$

而这是容易的，但用其他办法却有一定的难度．

试题 13　当取 $F(n) = \dfrac{1}{2}n(n+1)$ 时，即 $F(n)$ 是一个三角形数时（是指若干个自 1 开始的相继整数之和），则第 n 个非三角形数为 $n + (\sqrt{2n})$．(x) 表示距离 x 最近的整数．

通过以上对竞赛中互补型序列的考察，我们可以得出这样的结论，只有那些背景深远的竞赛试题才能称为数学奥林匹克试题中的精品，只有这些精品才能引起人们持久的兴趣，只有这种持久的兴趣才使得数

学奥林匹克事业长盛不衰.

定理 9 α,β 为两个正实数,对于所有正整数 n,已知 $[n\alpha]+[n\beta]=[n(\alpha+\beta)]$,求证:$\alpha,\beta$ 中至少有一个为正整数. 这里 $[nx]$ ($x=\alpha,\beta$ 或 $\alpha+\beta$) 表示不超过 nx 的最大整数.

证明 用反证法,设 α,β 都不是正整数. 记

$$\begin{aligned}\alpha=[\alpha]+\alpha_1 & \quad 0<\alpha_1<1\\ \beta=[\beta]+\beta_1 & \quad 0<\beta_1<1\end{aligned} \quad (64)$$

那么,有

$$[n\alpha]+[n\beta]=(n[\alpha]+n[\beta])+([n\alpha_1]+[n\beta_1])$$
$$[n(\alpha+\beta)]=n([\alpha]+[\beta])+[n(\alpha_1+\beta_1)]$$
$$(65)$$

利用题目条件,对于任意正整数 n,有

$$[n\alpha_1]+[n\beta_1]=[n(\alpha_1+\beta_1)] \quad (66)$$

我们首先证明 $\alpha_1+\beta_1<1$. 用反证法,如果 $\alpha_1+\beta_1\geqslant 1$,在式(66)中取 $n=1$,应有

$$[\alpha_1]+[\beta_1]=[\alpha_1+\beta_1]=1 \quad (67)$$

但从式(64)知道式(67)左边为零,矛盾.

对于任意正实数 x,记

$$\{x\}=x-[x] \quad (68)$$

在记号(68)下

$$\alpha_1=\{\alpha\},\beta_1=\{\beta\} \quad (69)$$

由于 $n\alpha_1+n\beta_1=n(\alpha_1+\beta_1)$,此等式减去式(66),再利用式(68),有

$$\{n\alpha_1\}+\{n\beta_1\}=\{n(\alpha_1+\beta_1)\} \quad (70)$$

我们知道,如果 $\alpha_1+\beta_1$ 是正有理数,则存在正整数 p,q,使得

$$\alpha_1 + \beta_1 = \frac{p}{q} \tag{71}$$

那么

$$\{q(\alpha_1 + \beta_1)\} = q(\alpha_1 + \beta_1) - [q(\alpha_1 + \beta_1)] = p - p = 0 \tag{72}$$

当 $\alpha_1 + \beta_1$ 是正无理数时,我们需要下述定理:

定理 10(有理数逼近实数定理) x 是一个正的无理数,那么一定存在两个单调递增的正整数数列 $\{p_n \mid n \in \mathbf{N}\}$ 和 $\{q_n \mid n \in \mathbf{N}\}$,满足 $\left| x - \frac{p_n}{q_n} \right| < \frac{1}{q_n^2}$.

证明 用 a_0 表示 x 的整数部分,即 $a_0 = [x]$. 令

$$\frac{1}{x_1} = x - a_0 \tag{73}$$

x_1 也是一个正无理数,而且大于 1. 取正整数 $a_1 = [x_1]$,再令

$$\frac{1}{x_2} = x_1 - a_1 \tag{74}$$

如此继续下去,对于 $j = 2, 3, \cdots, n$,令

$$\frac{1}{x_{j+1}} = x_j - a_j$$

这里 $a_j = [x_j]$ 都是正整数,$x_2, x_3, \cdots, x_{n+1}$ 全是大于 1 的正无理数.

这样,我们就得到一分数表示式

$$x = a_0 + \cfrac{1}{a_1 + \cfrac{1}{a_2 + \cfrac{\ddots}{\quad + \cfrac{1}{a_n + \cfrac{1}{x_n + 1}}}}} \tag{75}$$

式(75)可简记为
$$x = [a_0, a_1, a_2, \cdots, a_n, x_{n+1}] \quad (76)$$
利用式(75)与式(76)的关系,我们有
$$[a_0] = \frac{a_0}{1}$$
$$[a_0, a_1] = a_0 + \frac{1}{a_1} = \frac{a_0 a_1 + 1}{a_1}$$
$$[a_0, a_1, a_2] = a_0 + \frac{1}{a_1 + \frac{1}{a_2}} = a_0 + \frac{a_2}{a_1 a_2 + 1} =$$
$$\frac{a_0 a_1 a_2 + a_0 + a_2}{a_1 a_2 + 1} \quad (77)$$
记
$$p_0 = a_0, q_0 = 1, p_1 = a_0 a_1 + 1, q_1 = a_1$$
$$p_2 = a_0 a_1 a_2 + a_0 + a_2 = a_2 p_1 + p_0$$
$$q_2 = a_1 a_2 + 1 = a_2 q_1 + q_0 \quad (78)$$
那么,有
$$[a_0] = \frac{p_0}{q_0}, [a_0, a_1] = \frac{p_1}{q_1}, [a_0, a_1, a_2] = \frac{p_2}{q_2} \quad (79)$$
引入两列数(参考式(78))
$$p_n = a_n p_{n-1} + p_{n-2}, q_n = a_n q_{n-1} + q_{n-2} \quad (80)$$
这里正整数 $n \geqslant 2$,我们要证明
$$p_n q_{n-1} - p_{n-1} q_n = (-1)^{n-1} \quad n \in \mathbf{N} \quad (81)$$
$$p_n q_{n-1} - p_{n-2} q_n = (-1)^n a_n \quad \text{正整数} n \geqslant 2 \quad (82)$$
$$[a_0, a_1, \cdots, a_n] = \frac{p_n}{q_n} \quad n \in \mathbf{N} \quad (83)$$

在这里,我们要申明,这里一切 $a_j (j = 0, 1, 2, \cdots, n)$ 全是正实数,式(75)是一个形式的定义.这样做的目的是便于式(83)的证明.

对于式(81),对 n 用归纳法.当 $n = 1$ 时,利用式

(78),有

$$p_1 q_0 - p_0 q_1 = (a_0 a_1 + 1) - a_0 a_1 = 1 \quad (84)$$

因此,当 $n=1$ 时,式(81) 成立. 设当 $n=k$ 时

$$p_k q_{k-1} - p_{k-1} q_k = (-1)^{k-1} \quad (85)$$

则当 $n=k+1$ 时,有

$$p_{k+1} q_k - p_k q_{k+1} =$$
$$(a_{k+1} p_k + p_{k-1}) q_k - p_k (a_{k+1} q_k + q_{k-1}) = \quad (\text{利用式}(80))$$
$$p_{k-1} q_k - p_k q_{k-1} = (-1)^k \quad (86)$$

因此式(81) 成立. 现对式(82),用式(81) 的结果,很容易得到

$$p_n q_{n-2} - p_{n-2} q_n =$$
$$(a_n p_{n-1} + p_{n-2}) q_{n-2} -$$
$$p_{n-2} (a_n q_{n-1} + q_{n-2}) = \quad (\text{利用式}(82))$$
$$a_n (p_{n-1} q_{n-2} - p_{n-2} q_{n-1}) =$$
$$a_n (-1)^{n-2} = \quad (\text{利用式}(81))$$
$$(-1)^n a_n \quad (87)$$

这样式(82) 也得到了. 现在证明式(83),对 n 用数学归纳法. 奠基工作,式(79) 已经做了. 设当 $n=m$ 时

$$[a_0, a_1, \cdots, a_m] = \frac{p_m}{q_m} \quad (88)$$

这里 $p_m = a_m p_{m-1} + p_{m-2}, q_m = a_m q_{m-1} + q_{m-2}$ (式(80)),当 $n=m+1$ 时,从式(85) 和式(76),有

$$[a_0, a_1, \cdots, a_{m-1}, a_m, a_{m+1}] =$$
$$[a_0, a_1, \cdots, a_{m-1}, a_m + \frac{1}{a_{m+1}}] =$$
$$\frac{(a_m + \frac{1}{a_{m+1}}) p_{m-1} + p_{m-2}}{(a_m + \frac{1}{a_{m+1}}) q_{m-1} + q_{m-2}} =$$

Beatty 定理与 Lambek-Moser 定理

$$\frac{(a_m p_{m-1} + p_{m-2}) + \dfrac{p_{m-1}}{a_{m+1}}}{(a_m q_{m-1} + q_{m-2}) + \dfrac{q_{m-1}}{a_{m+1}}} =$$

$$\frac{p_m + \dfrac{p_{m-1}}{a_{m+1}}}{q_m + \dfrac{q_{m-1}}{a_{m+1}}} = \quad (利用(80))$$

$$\frac{a_{m+1} p_m + p_{m-1}}{a_{m+1} q_m + q_{m-1}} = \frac{p_{m+1}}{q_{m+1}} \quad (再一次利用式(80))$$

(利用归纳法,在式(88)中,a_m 是任意一个正实数)式(81)成立.

现在我们来证明有理数逼近实数定理. $a_1, a_2, \cdots, a_n$ 全是正整数. 利用式(76),有

$$x = [a_0, a_1, a_2, \cdots, a_n, x_{n+1}] =$$

$$\frac{x_{n+1} p_n + p_{n-1}}{x_{n+1} q_n + q_{n-1}} \quad (利用式(83)) \qquad (89)$$

所以

$$x - \frac{p_n}{q_n} = \frac{x_{n+1} p_n + p_{n-1}}{x_{n+1} q_n + q_{n-1}} - \frac{p_n}{q_n} =$$

$$\frac{p_{n-1} q_n - p_n q_{n-1}}{q_n (x_{n+1} q_n + q_{n-1})} =$$

$$\frac{(-1)^n}{q_n (x_{n+1} q_n + q_{n-1})} \quad (利用式(81)) \qquad (90)$$

由于 a_0 是非负整数, $a_1, a_2, \cdots, a_n$ 都是正整数,从式(78)和(80)可以知道 $p_j, q_j (j \in \mathbf{N})$ 都是正整数,而且满足

$$p_0 < p_1 \leqslant p_2 (当 a_0 = 0, a_2 = 1 时取等号) <$$
$$p_3 < \cdots < p_n < \cdots, q_1 < q_2 < q_3 < \cdots < q_n < \cdots$$
$$\qquad (91)$$

显然 $p_n \geqslant n - 1, q_n \geqslant n$.

Beatty Theorem and Lambek-Moser Theorem

利用式(90),两端取绝对值,有

$$\left| x - \frac{p_n}{q_n} \right| = \frac{1}{q_n(x_{n+1}q_n + q_{n-1})} < \frac{1}{q_n^2} \quad (n \in \mathbf{N}) \tag{92}$$

这里利用 $x_{n+1} > 1, q_{n-1} > 0$.

有了以上的定理,我们回到贝蒂定理的证明上来,当 $\alpha_1 + \beta_1$ 是正无理数时,令 $x = \alpha_1 + \beta_1$. 在式(90)中取 $n = 2k(k \in \mathbf{N})$,两端乘以正整数 q_n,有

$$0 < (\alpha_1 + \beta_1)q_{2k} - p_{2k} = \frac{1}{x_{2k+1}q_{2k} + q_{2k-1}} < \frac{1}{q_{2k}} \tag{93}$$

从式(93),有

$$p_{2k} < (\alpha_1 + \beta_1)q_{2k} < p_{2k} + \frac{1}{q_{2k}} \tag{94}$$

上式表明对于正实数 ε,这里 $\varepsilon < \min\{\alpha_1, \beta_1\} < 1$,一定有正整数 q_{2k} 存在,使得

$$\{q_{2k}(\alpha_1 + \beta_1)\} < \varepsilon \tag{95}$$

实际上只要取正整数 k 满足 $\frac{1}{2k} < \varepsilon$ 即可.

从式(70)和式(95),有

$$\{q_{2k}\alpha_1\} < \varepsilon, \{q_{2k}\beta_1\} < \varepsilon \tag{96}$$

而

$$(q_{2k} - 1)(\alpha_1 + \beta_1) = q_{2k}(\alpha_1 + \beta_1) - (\alpha_1 + \beta_1) = [q_{2k}(\alpha_1 + \beta_1)] + \{q_{2k}(\alpha_1 + \beta_1)\} - (\alpha_1 + \beta_1) \tag{97}$$

从上面叙述,有

$$\{q_{2k}(\alpha_1 + \beta_1)\} - (\alpha_1 + \beta_1) < \varepsilon - (\alpha_1 + \beta_1) < 0 \tag{98}$$

于是

$$[(q_{2k} - 1)(\alpha_1 + \beta_1)] = [q_{2k}(\alpha_1 + \beta_1)] - 1 \tag{99}$$

Beatty 定理与 Lambek-Moser 定理

另一方面
$$(q_{2k}-1)\alpha_1 = q_{2k}\alpha_1 - \alpha_1 = [q_{2k}\alpha_1] + \{q_{2k}\alpha_1\} - \alpha_1 <$$
$$[q_{2k}\alpha_1] \quad (100)$$
(利用式(96)及 $\varepsilon < \alpha_1$),类似地有
$$(q_{2k}-1)\beta_1 < [q_{2k}\beta_1] \quad (101)$$
则
$$[(q_{2k}-1)\alpha_1] = [q_{2k}\alpha_1] - 1$$
$$[(q_{2k}-1)\beta_1] = [q_{2k}\beta_1] - 1 \quad (102)$$
由式(66),应当有
$$[(q_{2k}-1)(\alpha_1+\beta_1)] = [(q_{2k}-1)\alpha_1] +$$
$$[(q_{2k}-1)\beta_1] \quad (103)$$
但是从式(99)和式(102),知道式(103)不可能成立. 矛盾.

当 $\alpha_1 + \beta_1$ 是正有理数时,利用式(70)和(72),知道
$$\{q\alpha_1\} = 0, \{q\beta_1\} = 0$$
在上述证明中,取 $q_{2k}=q$,式(95)~(103)的叙述都仍然有效.因此,也推出矛盾.

当 α,β 中有一个是正整数时,题目等式当然对任意正整数 n 成立.

§12 贝蒂定理的两个变形

定理 11 归纳地定义数列 $\{a_n\},\{b_n\},\{c_n\}$ 如下
$$a_1 = 1, b_1 = 2, c_1 = 4$$
a_n 等于不在 $a_1,a_2,\cdots,a_{n-1},a_n;b_1,b_2,\cdots,b_{n-1};c_1,c_2,\cdots,c_{n-1}$ 中的最小的正整数.

Beatty Theorem and Lambek-Moser Theorem

b_n 等于不在 $a_1, a_2, \cdots, a_{n-1}, a_n; b_1, b_2, \cdots, b_{n-1}; c_1, c_2, \cdots, c_{n-1}$ 中的最小的正整数.

$c_n = 2b_n + n - a_n.$

证明

$$\frac{9-5\sqrt{3}}{3} < (1+\sqrt{3})n - b_n < \frac{4(3-\sqrt{3})}{3} \tag{104}$$

先证明两个引理.

引理 4 $c_{n+1} - c_n \geqslant 2.$

证明 对 n 使用数学归纳法：

i) $n=1$ 时直接计算知 $c_2 - c_1 = 9 - 4 > 2.$

ii) 假定对一切 $n \leqslant k-1$, 都有 $c_{n+1} - c_n \geqslant 2$, 当 $n=k$ 时, 有

$$c_{k+1} - c_k = 2b_{k+1} + k + 1 - a_{k+1} - 2b_k - k + a_k = 2(b_{k+1} - b_k) + (a_k - a_{k+1}) + 1$$

由 $\{a_n\}$, $\{b_n\}$ 的定义方式, 我们可以看出: $a_1 < b_1 < a_2 < b_2 < \cdots < a_k < b_k < a_{k+1} < b_{k+1} < \cdots$, 注意到 $c_{k+1} > b_{k+1}$, 于是利用归纳假设可知, 在 a_k 和 b_k 之间, b_k 和 a_{k+1} 之间, a_{k+1} 和 b_{k+1} 之间至多有一个数列 $\{a_n\}$ 中的项, 从而 $b_{k+1} - b_k \geqslant 2$, $a_{k+1} - a_k \leqslant 4$, 并且 $a_{k+1} - a_k = 4$ 时, $b_{k+1} - b_k \geqslant 3$. 于是在 $a_{k+1} - a_k = 4$ 时

$$2(b_{k+1} - b_k) + (a_k - a_{k+1}) + 1 \geqslant 6 - 4 + 1 = 3 > 2$$

于是 $c_{k+1} - c_k \geqslant 2$. 从而 $n=k$ 时命题成立. 引理 4 获证.

引理 5 $2 \geqslant b_n - a_n \geqslant 1.$

证明 由引理 4 我们知道不存在两个连续的正整数, 它们都是 $\{c_n\}$ 中的项, 从而引理 5 成立.

现在我们来证明式 (104), 对 n 使用数学归纳法.

i) 当 $n=1,2,3$ 时,直接计算便知式(104)成立.

ii) 假定对一切 $n \leqslant j-1$,式(104)成立,在 $n=j$ 时,不妨设 $c_n < b_j < c_{n+1}$,于是由 $b_j < c_j$ 可知 $h \leqslant j-1$,并且根据 b_n 时的定义方式,我们有
$$b_j = 2j + h \qquad (105)$$

故由
$$b_j \geqslant c_h + 1 = h + 1 + 2b_h - a_h =$$
$$h + 1 + b_h + (b_h - a_h) \geqslant$$
$$h + 2 + b_h > h + 2 + (1+\sqrt{3})h -$$
$$\frac{4(3-\sqrt{3})}{3}$$

及式(105)可知
$$h < (\sqrt{3}-1)j - \frac{9-5\sqrt{3}}{3}$$

从而
$$b_j = 2j + h < (\sqrt{3}+1)j - \frac{9-5\sqrt{3}}{3} \qquad (106)$$

又因为
$$b_j \leqslant c_{h+1} - 1 = h + 2b_{h+1} - a_{h+1} \leqslant$$
$$h + (b_{h+1} - a_{h+1}) + b_{h+1} \leqslant h + 2 + b_{h+1} <$$
$$h + 2 + (h+1)(1+\sqrt{3}) - \frac{9-5\sqrt{3}}{3}$$

所以 $\qquad h > (\sqrt{3}-1)j - \frac{4(3-\sqrt{3})}{3}$

从而
$$b_j = 2j + h > (\sqrt{3}+1)j - \frac{4(3-\sqrt{3})}{3} \qquad (107)$$

综合式(106)和(107)可知,$n=j$ 时式(104)成立,从而式(104)得证.

以上证明由复旦大学数学系黄宣国教授给出. 由于黄教授没有上过大学，直接以高中学历考上研究生，所以所写文字难免带有自学者的特殊痕迹 —— 优点是详细，缺点是太详细. 不过这正是目前数学书所缺少的元素.

§13 贝蒂序列中的除数问题

山东大学数学与系统科学学院的吕广世教授和山东师范大学数学科学学院的翟文广教授在 2004 年研究了贝蒂序列中的除数问题，证明了在勒贝格 (Lebesgue) 测度意义下，对几乎所有的 $\theta \geqslant 1$，当 $k \geqslant 5$ 时，一致地有

$$D_k(\theta;x) = \sum_{n \leqslant \frac{x}{\theta}} d_k([n\theta]) = \theta^{-1} D_k(1;x) + O(x^{\frac{4}{5}+\varepsilon})$$

1. 引言及定理

设 $\theta \in [1, +\infty)$ 为任意实数，序列 $B_\theta = \{[n\theta] \mid n \in \mathbf{N}\}$ 叫作由 θ 决定的贝蒂序列. 贝蒂序列近年来由于同半群的联系而受到关注.

Abercrombie 考虑了贝蒂序列中的除数问题. 设 $k \geqslant 2$ 为固定的正整数，令

$$D_k(\theta;x) = \sum_{n \leqslant \frac{x}{\theta}} d_k([n\theta]) = \sum_{\substack{n \leqslant x \\ n \in B_\theta}} d_k(n) \quad (108)$$

则 Abercrombie 在文章 Beatty sequences and multiplicative number theory(Acta Arith., 1995, 65:195-207) 中证明了，在勒贝格测度意义下，对几乎

所有的 $\theta \geqslant 1$,有

$$D_2(\theta;x) = \theta^{-1} D_2(1;x) + O(x^{\frac{5}{7}+\varepsilon}) \quad (109)$$

这里的 O 常数和 θ,ε 有关.但是上述文章中的方法对 $k \geqslant 3$ 的情形失效.

翟文广给出了 $k \geqslant 3$ 时的结果,即在式(109)相同的条件下,有

$$D_k(\theta;x) = \theta^{-1} D_k(1;x) + O(x^{\frac{k-1}{k}+\varepsilon}) \quad (110)$$

我们可以看出式(110)中余项的结果 $\dfrac{k-1}{k}$ 依赖于 k.特别地,当 k 较大时,其结果较差.

于是,我们有下面的定理.

定理 12　在勒贝格测度意义下,对几乎所有的 $\theta \geqslant 1$,当 $k \geqslant 5$ 时,一致地有

$$D_k(\theta;x) = \theta^{-1} D_k(1;x) + O(x^{\frac{4}{5}+\varepsilon}) \quad (111)$$

这里的 O 常数和 θ,ε 有关.

2. 基本引理

为证明定理,我们需要以下引理.

引理 6　在勒贝格测度意义下,对几乎所有的 $\gamma > 0$,存在一个函数 $g = g_\gamma : \mathbf{R} \to \mathbf{R}$ 满足 g 是递增的, $g(1) = 1, g(x) = O(\log^2 x)$,使得对任给的 $B \geqslant 1$,对 γ 某个最佳有理逼近 $\dfrac{a}{q}$,满足 $|\gamma - \dfrac{a}{q}| \leqslant q^{-2}, B \leqslant q \leqslant Bg(B)$.

引理 7　对任意的实数 $M > 0, N \geqslant 1$ 以及 α,有

$$\sum_{M < n \leqslant M+N} e(n\alpha) \ll \min\{N, \dfrac{1}{\|\alpha\|}\}.$$

引理 8　设 $\alpha = \dfrac{a}{q} + \dfrac{\delta}{q^2}, (a,q) = 1, |\delta| \leqslant 1, T >$

1，则 $\sum_{n\leqslant N}\min\{\frac{T}{n},\frac{1}{\|n\alpha\|}\}\ll q\log q+Tq^{-1}\log N+N\log q$.

引理 9 设 $\alpha=\frac{a}{q}+\frac{\delta}{q^2}$，$(a,q)=1$，$|\delta|\leqslant 1$，$x>0$，那么对任意的实数 β，整数 N_0 及 $N\geqslant 1$，有
$$\sum_{n\leqslant N_0+1}^{N_0+N}\min\{x,\frac{1}{\|\alpha n+\beta\|}\}\ll(\frac{N}{q}+1)(x+q\log q).$$

引理 10 设 $\psi(t)=t-[t]-\frac{1}{2}$，$J\geqslant 1$ 为任意实数，则存在函数 $\psi^*(t)$ 满足
$$\psi^*(t)=\sum_{1\leqslant|h|\leqslant J}\gamma(h)e(ht)$$
$$\gamma(h)=-(2\pi ih)^{-1}\{\pi\frac{h}{J+1}(1-\frac{|h|}{J+1})\cdot\cot(\pi\frac{h}{J+1})+\frac{|h|}{J+1}\}$$
且 $|\psi(t)-\psi^*(t)|\leqslant\frac{1}{2(J+1)}\sum_{|h|\leqslant J}(1-\frac{|h|}{J+1})e(ht)$.

3. 定理的证明

由式(108)，得
$$D_k(\theta;x)=\sum_{\substack{n\leqslant x\\ n\in B_\theta}}d_k(n)=$$
$$\sum_{n\leqslant x}d_k(n)([\frac{n+1}{\theta}]-[\frac{n}{\theta}])=$$
$$\theta^{-1}D_k(1;x)+\sum_{n\leqslant x}d_k(n)(\psi(\frac{n}{\theta})-\psi(\frac{n+1}{\theta})) \tag{112}$$

故只需估计

$$S_j = \sum_{n \leqslant x} d_k(n) \psi(\frac{n+j}{\theta}) \quad j = 0, 1 \quad (113)$$

在引理 10 中,由 $\gamma(-h) = \overline{\gamma(h)}$ 及 $e(-ht) = \overline{e(ht)}$ 知 $\psi^*(t)$ 和 $\sum_{|h| \leqslant J} \left(1 - \frac{|h|}{J+1}\right) e(ht)$ 均取实值,所以

$$\psi(t) - \psi^*(t) \leqslant |\psi(t) - \psi^*(t)| \leqslant \frac{1}{2(J+1)} \sum_{|h| \leqslant J} \left(1 - \frac{|h|}{J+1}\right) e(ht)$$

即

$$\psi(t) \leqslant \psi^*(t) + \frac{1}{2(J+1)} + \frac{1}{2(J+1)} \sum_{1 \leqslant |h| \leqslant J} \left(1 - \frac{|h|}{J+1}\right) e(ht) =$$

$$\frac{1}{2(J+1)} + \sum_{1 \leqslant |h| \leqslant J} \gamma(h) e(ht) +$$

$$\frac{1}{2(J+1)} \sum_{1 \leqslant |h| \leqslant J} \left(1 - \frac{|h|}{J+1}\right) e(ht) =$$

$$\frac{1}{2(J+1)} +$$

$$\sum_{1 \leqslant |h| \leqslant J} \left(\gamma(h) + \frac{1}{2(J+1)} \left(1 - \frac{|h|}{J+1}\right)\right) e(ht) \leqslant$$

$$J^{-1} + \sum_{1 \leqslant |h| \leqslant J} \beta(h) e(ht) \quad (114)$$

这里 $\beta(h) = \gamma(h) + \frac{1}{2(J+1)} \left(1 - \frac{|h|}{J+1}\right) \ll |h|^{-1} + J^{-1} \ll |h|^{-1}$(估计 $|\gamma(h)|$ 时,用到了一个简单事实: 当 $0 < t < 1$ 时, $t(1-t) \cot t \ll 1$). 在式(114)中取 $J = x^{\frac{1}{5}}$,并注意到 $\sum_{n \leqslant x} d_k(n) \ll x(\log x)^{k-1}$,有

$$S_j \ll J^{-1} \sum_{n \leqslant x} d_k(n) +$$

$$\sum_{1 \leqslant |h| \leqslant J} |h|^{-1} \left|\sum_{n \leqslant x} d_k(n) e(\frac{hn}{\theta})\right| \ll$$

Beatty Theorem and Lambek-Moser Theorem

$$\sum_{1 \leqslant h \leqslant J} h^{-1} \left| \sum_{n \leqslant x} d_k(n) e(\frac{hn}{\theta}) \right| + x^{\frac{4}{5}+\varepsilon} \quad (115)$$

由二分法,只需估计

$$\Phi(H,N) = \sum_{h \sim H} \left| \sum_{n \sim N} d_k(n) e(\frac{hn}{\theta}) \right| \quad (116)$$

这里 $1 \leqslant H \leqslant J, 1 \leqslant N \leqslant x$.

在引理 6 中取 $B = x^{\frac{1}{2}}$,则对几乎所有的实数 $\theta \geqslant 1$,使得 θ^{-1} 对某个最佳有理逼近 $\frac{a}{q}$ 满足

$$\left| \theta^{-1} - \frac{a}{q} \right| \leqslant \frac{1}{q^2}, x^{\frac{1}{2}} \leqslant q \leqslant C_\theta x^{\frac{1}{2}} \log^2 x \quad (117)$$

因此为证明定理,只需在式(115)的条件下,证明 $\Phi(H,N) \ll H x^{\frac{4}{5}+\varepsilon}$.

利用 $d_k(n) = \sum_{n = n_1 n_2 \cdots n_k} 1$,我们可以将式(116)写成 $O(\log^k x)$ 个形如

$$S = \sum_{h \sim H} \left| \sum_{n_1 \sim N_1} \cdots \sum_{n_k \sim N_k} e(h n_1 n_2 \cdots n_k \theta^{-1}) \right| \quad (118)$$

的和式,这里 $\prod_{i=1}^{k} N_i \sim N \leqslant x, n_1 n_2 \cdots n_k \leqslant x$. 我们可以进一步假设 $n_1 \leqslant n_2 \leqslant \cdots \leqslant n_k$,那么自然地有 $N_1 \leqslant N_2 \leqslant \cdots \leqslant N_k$.

为证明定理,我们考虑两种情形.

情形 1 如果 $N_k \geqslant N^{\frac{1}{5}}$,则式(118)可改写成

$$S = \sum_{h \sim H} a_h \sum_{l \sim \frac{N}{N_k}} d_{k-1}(l) \sum_{n_k \sim N_k} e(h l n_k \theta^{-1}) =$$

$$\sum_{m \sim \frac{HN}{N_k}} c_m \sum_{n_k \sim N_k} e(m n_k \theta^{-1}) \quad (119)$$

这里 $|a_h| \leqslant 1$ 且 $|c_m| = |\sum_{m=hl} a_h d_{k-1}(l)| \leqslant d_k(m)$.

利用引理 7,引理 8 及式(117),得

$$S \ll x^\varepsilon \sum_{m \sim \frac{HN}{N_k}} \min\{N_k, \frac{1}{\|m\theta^{-1}\|}\} \ll$$

$$x^\varepsilon \sum_{m \sim \frac{HN}{N_k}} \min\{\frac{Hx}{m}, \frac{1}{\|m\theta^{-1}\|}\} \ll$$

$$x^\varepsilon \{q\log q + Hxq^{-1}\log(Hx) +$$

$$HNN_k^{-1}\log q\} \ll Hx^{\frac{4}{5}+\varepsilon} \qquad (120)$$

这里我们用到了 $d_k(m) \ll m^\varepsilon \ll x^\varepsilon$ 及 $mN_k \leqslant mn_k \leqslant 4xH$.

情形 2 如果 $N_k \leqslant N^{\frac{1}{5}}$,则所有的 $N_i \leqslant N^{\frac{1}{5}}$,$i = 1, 2, \cdots, k-1$. 设 l 是第一个满足 $N_1 \cdots N_j > N^{\frac{2}{5}}$ 的正整数 j,则 $l \geqslant 2$. 因此,我们有

$$N^{\frac{2}{5}} \leqslant N_1 \cdots N_l \leqslant (N_1 \cdots N_{l-1})N_l \leqslant N^{\frac{2}{5}} N^{\frac{1}{5}} = N^{\frac{3}{5}}$$
$$\qquad (121)$$

令 $m_1 = n_1 \cdots n_l$,$m_2 = n_{l+1} \cdots n_k$,$M_1 = N_1 \cdots N_l$,$M_2 = N_{l+1} \cdots N_k$,则 $N^{\frac{2}{5}} \leqslant M_1 \leqslant N^{\frac{3}{5}}$,$M_1 M_2 \sim N$. 因此式(118)可改写成

$$S = \sum_{h \sim H} a_h \sum_{m_1 \sim M_1} d_l(m_1) \sum_{m_2 \sim M_2} d_{k-l}(m_2) e(hm_1 m_2 \theta^{-1}) =$$

$$\sum_{m \sim HM_2} e_m \sum_{m_1 \sim M_1} d_l(m_1) e(mm_1 \theta^{-1}) \qquad (122)$$

这里 $|e_m| = |\sum_{m=hm_2} a_h d_{k-l}(m_2)| \leqslant d_{k-l+1}(m)$. 利用柯西(Cauchy)不等式,引理 7,引理 9 及式(117),得

$$|S|^2 \leqslant \sum_{m \sim HM_2} |e_m|^2 \sum_{m \sim HM_2} \left|\sum_{m_1 \sim M_1} d_l(m_1) e(mm_1 \theta^{-1})\right|^2 \ll$$

$$HM_2 x^\varepsilon \sum_{m_1 \sim M_1} \sum_{m'_1 \sim M_1} d_l(m_1) d_l(m'_1) \cdot$$
$$\sum_{m \sim HM_2} e(m(m_1 - m'_1)\theta^{-1}) \ll$$
$$HM_2 x^\varepsilon \sum_{m_1 \sim M_1} \sum_{m'_1 \sim M_1} | d_l(m_1) d_l(m'_1) | \cdot$$
$$\min\{HM_2, \frac{1}{\| (m_1 - m'_1)\theta^{-1} \|}\} \ll$$
$$HM_2 x^\varepsilon \sum_{m_1 \sim M_1} (\frac{M_1}{q} + 1)(HM_2 + q\log q) \ll$$
$$HM_1 M_2 x^\varepsilon (\frac{M_1}{q} + 1)(HM_2 + q\log q) \ll$$
$$x^\varepsilon \{H^2 N^2 q^{-1} + HNM_1 \log q +$$
$$H^2 N^2 M_1^{-1} + HN_q \log q\} \ll$$
$$H^2 x^{\frac{8}{5}+\varepsilon} \qquad (123)$$

这里,我们用到了 $d_l(m_1) d_l(m'_1) \ll (m_1 m'_1)^\varepsilon \ll x^\varepsilon$ 且为简便起见,我们采用了记法 $x^\varepsilon x^\varepsilon = x^\varepsilon$. 由式(123),得

$$S \ll Hx^{\frac{4}{5}+\varepsilon} \qquad (124)$$

由情形 1 及情形 2 得

$$\Phi(H, N) \ll Hx^{\frac{4}{5}+\varepsilon} \qquad (125)$$

从而证明了定理.

§14 一类特殊贝蒂序列中的素因子问题

河南大学唐恒才教授 2010 年研究了数论函数 Ω 和 ω 取值于一类特殊的非齐次贝蒂序列 $[\alpha n + \beta]$ ($n=1,2,\cdots$) 的问题. 特别地,证明了渐近公式

$$\sum_{n\leqslant N}\omega([\alpha n+\beta])=N\log\log N+O(N(\log\log N)^{\frac{3}{4}})$$ 以及 $$\sum_{n\leqslant N}(-1)^{\Omega([\alpha n+\beta])}=O\left(\frac{N}{(\log N)^{\frac{1}{2}}}\right),$$ 其中 $\alpha,\beta\in\mathbf{R}, n\in\mathbf{Z}_+,\alpha>0$ 是型为 1 的无理数,$\Omega(k)$ 和 $\omega(k)$ 表示整数 $k(\neq 0)$ 的素因子个数(Ω 计重数,ω 不计重数).

1. 引言

给定两个实数 α,β,其相对应的非齐次贝蒂序列定义如下

$$\mathcal{B}_{\alpha,\beta}=\{[\alpha n+\beta]\mid n\in\mathbf{Z}_+\} \tag{126}$$

此类序列经常出现在各式各样的数学背景下,并且它们的算术性质被许多人研究过. 例如 Banks 和 Shparlinski 在此序列的背景下研究了本原根和小区间上的特征和问题. 另外,吕和翟研究了此序列中的除数问题. 为了方便叙述本节主要结论,我们给出另外两个定义:

定义 1 令 γ 为一无理数,其型 τ 定义为

$$\tau=\sup\{\vartheta\in\mathbf{R}\mid\liminf_{\substack{q\to\infty\\q\in\mathbf{Z}_+}} q^{\vartheta}\parallel\alpha q\parallel=0\} \tag{127}$$

由迪利克雷(Dirichlet)逼近定理易知,对于任意的无理数 γ,其型 $\tau\geqslant 1$. 另外,罗斯(Roth)证明了对几乎所有的实数 α,其型 $\tau=1$(在勒贝格测度下).

定义 2 设 $a_1,\cdots,a_M\in[0,1]$ 为一实数序列,其差异 D 定义为

$$D=\sup_{\mathcal{L}\subseteq[0,1)}\left|\frac{V(\mathcal{L},M)}{M}-|\mathcal{L}|\right| \tag{128}$$

其中上确界取自于 $[0,1]$ 的所有子集 $\mathcal{L}=(c,d)$,$V(\mathcal{L},M)$ 为正整数 $m\leqslant M, a_m\in\mathcal{L}$ 的个数,$|\mathcal{L}|=d-c$ 为

$\mathscr{L}$ 的长度.

2007 年, Banks 和 Shparlinski 证明了关于贝蒂序列的另一个定理.

定理 13 给定两实数 α,β, 且 $\alpha>0$ 为一无理数, 则有

$$\sum_{n\leqslant N}\omega([\alpha n+\beta]) \sim N\log\log N$$

$$\sum_{n\leqslant N}(-1)^{\Omega([\alpha n+\beta])} = o(N)$$

其中 $\Omega(k)$ 和 $\omega(k)$ 表示整数 $k(k\neq 0)$ 的素因子个数 (Ω 计重数, ω 不计重数).

应用 Elliott 和 Sárközy 中的结果和关于无理数的迪利克雷逼近定理,对于一类特殊的贝蒂序列 $[\alpha n+\beta]$,我们给出了上述定理中求和的渐近公式. 我们的主要结果如下:

定理 14 给定两个实数 α,β, 设 $\alpha>0$ 是一型 $\tau=1$ 的无理数, 则有

$$\sum_{n\leqslant N}(-1)^{\Omega([\alpha n+\beta])} = O\Big(\frac{N}{(\log N)^{\frac{1}{2}}}\Big) \qquad (129)$$

其中 O 仅依赖于 α,β.

定理 15 给定两个实数 α,β, 设 $\alpha>0$ 是一型 $\tau=1$ 的无理数, 则有

$$\sum_{n\leqslant N}\omega([\alpha n+\beta]) = N\log\log N + O(N(\log\log N)^{\frac{3}{4}})$$

$$(130)$$

其中 O 仅依赖于 α,β.

最后,应用同样的方法,对于一类特殊的贝蒂序列,我们得到了与 Banks 和 Shparlinski 所写的文章 Prime divisors in Beatty sequences(Mathematical

Research Letters,2006,13:539-547)中定理 3 和定理 6 相对应的结果.

定理 16 给定两个实数 α,β,设 $\alpha>0$ 是一型 $\tau=1$ 的无理数.令
$$F(N,C)=\#\{n\leqslant N\mid \omega([\alpha n+\beta])-\log\log N\leqslant C(\log\log N)^{\frac{1}{2}}\}$$
则有
$$F(N,C)=\frac{N}{\sqrt{2\pi}}\int_{-\infty}^{C}e^{-\frac{t^2}{2}}dt+O\Big(\frac{N}{(\log\log N)^{\frac{1}{4}}}\Big) \quad (131)$$
其中 O 仅依赖于 α,β 和 C.

定理 17 给定两个实数 α,β,设 $\alpha>0$ 是一型 $\tau=1$ 的无理数,则有
$$\sum_{n\leqslant N}(-1)^{\sigma_2([\alpha n+\beta])}=O\Big(\frac{N}{(\log N)^{\frac{1}{2}}}\Big) \quad (132)$$
其中 O 仅依赖于 α,β.

2. 基本引理

首先,我们介绍一些符号.通常地,用 k,m,n 表示非负整数,$\Omega(k)$ 和 $\omega(k)$ 表示整数 $k(k\neq 0)$ 的素因子个数(Ω 计重数,ω 不计重数),$\sigma_2(n)$ 表示 n 的二进制的和.如果 $k\leqslant 0$,则令 $\Omega(k)=\omega(k)=0$.对于任意实数 x,$[x]$ 表示不超过 x 的最大整数,$\{x\}=x-[x]$ 表示 x 的小数部分.$U=O(V),U\ll V$ 和 $V\gg U$ 是等价的,意思是存在常数 $c>0$,使得 $U\leqslant cV$.

众所周知,对任一无理数 α,序列 $\{\alpha\},\{2\alpha\},\{3\alpha\},\cdots$ 模 1 后是一致分布的.更严格地说,设 $D_{\alpha,\beta}(M)$ 表示序列 $(a_m)_{m=1}^{M}$ 的差异,其中 $a_m=\{\alpha m+$

$\beta\}(m=1,2,\cdots,M)$,则有如下引自于 L. Kuipers 和 H. Niederreiter 所写的 Uinform distribution of sequences(Theorem 3.2,Chapter 2) 的结果:

引理 11 设 α 是一型 $\tau=1$ 的无理数,则对所有的实数 β,有

$$D_{\alpha,\beta}(M) = O\left(\frac{1}{M^{1-\varepsilon}}\right) \tag{133}$$

其中 $\varepsilon > 0$ 任意小,并且 O 仅依赖于 α.

其次,为了证明主要结果,需要引用以下引理. 为方便应用,我们对其中一些作了变形.

引理 12 设 α 是一型 $\tau=1$ 的无理数,则对所有的正整数 M 和实数 $\delta \in (0,1]$,一定存在一实数 $\gamma \in (0,1]$,满足

$$\#\{n \leqslant M \mid \{\alpha n + \gamma\} < \delta\} \geqslant 0.5M\delta \tag{134}$$

证明 可参看 Banks 和 Shparlinski 所写的文章 Prime divisors in Beatty sequences 中的引理 2.

引理 13 设 $\mathscr{M} \in [1,M]$ 是一整数集合,且有性质 $\#\mathscr{M} \geqslant \dfrac{M}{\log M}$,则有

$$\sum_{m\in\mathscr{M}} \omega(m) \ll \#\mathscr{M}\log\log M \tag{135}$$

证明 可参看 Banks 和 Shparlinski 所写的文章 Prime divisors in Beatty sequences 中的引理 3.

下一个引理是 J. Rivat, A. Sárközy, C. L. Stewart 所写的文章 Congruence properties of the Omega-function on subsets(Illinois Journal of Mathematics,1999,43:1-18) 中的定理 1. 为方便应用,我们作了变形.

引理 14 设 $\mathscr{A},\mathscr{B} \in [1,M]$ 是两个整数集合,则

有
$$\sum_{a\in\mathcal{A}}\sum_{b\in\mathcal{B}}(-1)^{\Omega(a+b)} \ll \frac{M(\#\mathcal{A}\#\mathcal{B})^{\frac{1}{2}}}{\log M} \quad (136)$$

以下两个引理引自 P. D. T. A. Elliott 和 A. Sárközy 所写的文章 The distribution of the number of prime factors of sums $a+b$(Journal of Number Theory, 1988, 29: 94-99).

引理 15 设 $\mathcal{A}, \mathcal{B} \in [1, M]$ 是两个整数集合,且有性质
$$\#\mathcal{A}\#\mathcal{B} = \frac{M^2}{\exp\{o((\log\log M)^{\frac{1}{2}}\log\log\log M)\}}$$
则有
$$\sum_{a\in\mathcal{A}}\sum_{b\in\mathcal{B}}\omega(a+b) = \#\mathcal{A}\#\mathcal{B}\log\log M +$$
$$O(M(\#\mathcal{A}\#\mathcal{B})^{\frac{1}{2}}(\log\log M)^{\frac{1}{2}}) \quad (137)$$

引理 16 设 $\mathcal{A}, \mathcal{B} \in [1, M]$ 是两个整数集合,C 是一实数,则估计
$$\#\{(a,b) \in \mathcal{A} \times \mathcal{B} \mid \omega(a+b) - \log\log M \leqslant C(\log\log M)^{\frac{1}{2}}\} = \frac{\#\mathcal{A}\#\mathcal{B}}{\sqrt{2\pi}}\int_{-\infty}^{C} e^{-\frac{t^2}{2}} dt +$$
$$O\left(M\left(\frac{\#\mathcal{A}\#\mathcal{B}}{\log\log M}\right)^{\frac{1}{2}}\right) \quad (138)$$
对所有的 $\mathcal{A}, \mathcal{B}, M$ 和 C 一致成立.

最后一个引理是 C. Mauduit 和 A. Sárközy 所写的文章 On the arithmetic structure of sets characterized by sum of digits properties(Journal of Number Theory, 1996, 61: 25-38) 中定理 1 的特殊情况.

引理 17 设 $\mathcal{A}, \mathcal{B} \in [1, M]$ 是两个整数集合,则

有
$$\#\{(a,b) \in \mathscr{A} \times \mathscr{B} \mid \sigma_2(a+b) \equiv 0 (\bmod 2)\} = \frac{\#\mathscr{A}\#\mathscr{B}}{2} + O(2^{aM}(\#\mathscr{A}\#\mathscr{B})^{\frac{1}{2}}) \quad (139)$$

其中 $\alpha = \dfrac{1}{4} + \dfrac{\log(\csc\frac{\pi}{8})}{2\log 2} = 0.942\,888\cdots$

3. 主要结果的证明

定理 14 的证明　根据 α 是否大于 1,我们讨论两种情况.

(1) $\alpha > 1$ 时.

令正整数 $K \leqslant N$,实数 $\Delta \in (0,1]$. 对每个实数 $\gamma \in [0,1)$,定义

$$\mathscr{N}_\gamma = \{c \leqslant n \leqslant N \mid \{\alpha n + \beta - \gamma\} < 1 - \Delta\}$$
$$\mathscr{K}_\gamma = \{c \leqslant k \leqslant K \mid \{\alpha k + \gamma\} < \Delta\}$$

其中 $c = \max\{[\alpha^{-1}(1-\beta+\gamma)], [\alpha^{-1}(1-\gamma)]\} \asymp 1$. 根据 c 的选取可得, $\mathscr{A}_\gamma = \{[\alpha n + \beta - \gamma] \mid n \in \mathscr{N}_\gamma\}$ 和 $\mathscr{B}_\gamma = \{[\alpha k + \gamma] \mid k \in \mathscr{K}_\gamma\}$ 皆为 $[1, M_\gamma]$ 的子集,其中 $M_\gamma = \max\{[\alpha N + \beta - \gamma], [\alpha K + \gamma]\} \asymp N$. 另外,因为 $\alpha > 1$,所以映射 $\mathscr{N}_\gamma \mapsto \mathscr{A}_\gamma$ 和 $\mathscr{K}_\gamma \mapsto \mathscr{B}_\gamma$ 皆为双射.

令 $\mathscr{N}_\gamma^c = \{1,2,\cdots,N\} \setminus \mathscr{N}_\gamma$,由式(128) 和引理 11 可知

$$\#\mathscr{N}_\gamma^c = \Delta N + O(N^\varepsilon), \quad \#\mathscr{K}_\gamma = \Delta K + O(K^\varepsilon) \quad (140)$$

应用引理 12,选取合适的 $\gamma \in [0,1)$,可得下界估计

$$\#\mathscr{K}_\gamma \geqslant 0.5\Delta K - c \quad (141)$$

现在固定 γ 使得式(141) 成立,在书写时去掉下标 γ,例如 $\mathscr{N} = \mathscr{N}_\gamma, \mathscr{K} = \mathscr{K}_\gamma$ 等.

从现在开始,我们假设 $\Delta K \geqslant 10c$. 因此,由式(141)可得

$$\#\mathscr{K}_\gamma \geqslant 0.4\Delta K \tag{142}$$

对任意 $k \in \mathscr{K}$,有

$$\sum_{n \leqslant N}(-1)^{\Omega([\alpha n+\beta])} = \sum_{n \leqslant N}(-1)^{\Omega([\alpha(n+k)+\beta])} + O(K) =$$
$$\sum_{n \in \mathscr{N}}(-1)^{\Omega([\alpha(n+k)+\beta])} +$$
$$O(K + \#\mathscr{N}^c)$$

因此

$$\sum_{n \leqslant N}(-1)^{\Omega([\alpha n+\beta])} = \frac{W}{\#\mathscr{K}} + O(K + \Delta N) \tag{143}$$

其中 $W = \sum_{n \in \mathscr{N}}\sum_{k \in \mathscr{K}}(-1)^{\Omega([\alpha(n+k)+\beta])}$. 对所有的 $n \in \mathscr{N}$ 和 $k \in \mathscr{K}$,有 $[\alpha(n+k)+\beta] = [\alpha n+\beta-\gamma] + [\alpha k+\gamma]$. 因此

$$W = \sum_{n \in \mathscr{N}}\sum_{k \in \mathscr{K}}(-1)^{\Omega([\alpha n+\beta-\gamma]+[\alpha k+\gamma])} = \sum_{a \in \mathscr{A}}\sum_{b \in \mathscr{B}}(-1)^{\Omega(a+b)}$$

应用引理 14 可得

$$W \ll \frac{M(\#\mathscr{N}\#\mathscr{K})^{\frac{1}{2}}}{\log M} \asymp \frac{N(\#\mathscr{N}\#\mathscr{K})^{\frac{1}{2}}}{\log N}$$

由上述估计和式(140)(142)以及显然估计 $\#\mathscr{N} \leqslant N$,可得

$$\sum_{n \leqslant N}(-1)^{\Omega([\alpha n+\beta])} \ll \frac{N^{\frac{3}{2}}}{(\Delta K)^{\frac{1}{2}}\log N} + K + \Delta N$$

选取 $K = [N(\log N)^{-\frac{1}{2}}]$ 和 $\Delta = (\log N)^{-\frac{1}{2}}$,当 N 充分大时,易得 $\Delta K \geqslant 10c$,定理得证.

(2) $\alpha < 1$ 时.

选取 $t = [\alpha^{-1}] + 1$,则无理数 $\alpha t > 1$. 另外

$$\sum_{n\leqslant N}(-1)^{\Omega([\alpha n+\beta])}=\sum_{j=0}^{t-1}\sum_{m\leqslant \frac{N-j}{t}}(-1)^{\Omega([\alpha tm+\alpha j+\beta])}$$

和第一种情况的讨论一样,我们得到定理的证明.

定理 15 的证明　和定理 14 的证明类似,我们根据 α 是否大于 1,分两种情况讨论.

(1) $\alpha > 1$ 时.

选取 $K=\left[\dfrac{N}{(\log\log N)^{\frac{1}{4}}}\right]$ 和 $\Delta=(\log\log N)^{-\frac{1}{4}}$,

并设 $\gamma, c, \mathcal{N}, \mathcal{N}^c, \mathcal{K}, \mathcal{A}, \mathcal{B}$ 和 N 如定理 14 一样.

对每个 $k \in \mathcal{K}$,有

$$\sum_{n\leqslant N}\omega([\alpha n+\beta])=\sum_{n\leqslant N}\omega([\alpha(n+k)+\beta])+\sum_{n\leqslant k}\omega([\alpha n+\beta])-\sum_{N<n\leqslant N+k}\omega([\alpha n+\beta])$$

由引理 13 和 K 的选取可得

$$\sum_{n\leqslant k}\omega([\alpha n+\beta])\leqslant \sum_{m\leqslant \alpha K+\beta}\omega(m)\ll K\log\log K \ll N(\log\log N)^{\frac{3}{4}}$$

并且

$$\sum_{N<n\leqslant N+k}\omega([\alpha n+\beta])\leqslant \sum_{\alpha N+\beta<m\leqslant \alpha(N+K)+\beta}\omega(m)\ll K\log\log N \ll N(\log\log N)^{\frac{3}{4}}$$

从而

$$\sum_{n\leqslant N}\omega([\alpha n+\beta])=\sum_{n\leqslant N}\omega([\alpha(n+k)+\beta])+O(N(\log\log N)^{\frac{3}{4}})$$

更进一步地,有

Beatty 定理与 Lambek-Moser 定理

$$\sum_{n \leqslant N} \omega([\alpha n + \beta]) = \frac{U}{\#\mathcal{K}} + \frac{V}{\#\mathcal{K}} + O(N(\log \log N)^{\frac{3}{4}})$$

(144)

其中

$$U = \sum_{n \in \mathcal{N}^c} \sum_{k \in \mathcal{K}} \omega([\alpha(n+k) + \beta])$$

$$V = \sum_{n \in \mathcal{N}} \sum_{k \in \mathcal{K}} \omega([\alpha(n+k) + \beta])$$

对每个 $n \leqslant N$, 再一次利用引理 13 可得 $\sum_{k \in \mathcal{K}} \omega([\alpha(n+k) + \beta]) \ll \#\mathcal{K}\log \log N$. 特别地, 有 $U \ll \#\mathcal{N}^c \#\mathcal{K}\log \log N = O(N(\log \log N)^{\frac{3}{4}}\#\mathcal{K})$, 其中应用了式(140) 和 Δ 的选取. 把这个估计代入式(144) 可得

$$\sum_{n \leqslant N} \omega([\alpha n + \beta]) = \frac{V}{\#\mathcal{K}} + O(N(\log \log N)^{\frac{3}{4}})$$

(145)

最后, 和定理 14 的证明一样, 我们得到

$$V = \sum_{n \in \mathcal{N}} \sum_{k \in \mathcal{K}} \omega([\alpha n + \beta - \gamma] + [\alpha k + \gamma]) = \sum_{a \in \mathcal{A}} \sum_{b \in \mathcal{B}} \omega(a+b)$$

由引理 15 和式(142) 可知

$$V = \#\mathcal{A}\#\mathcal{B}\log \log N + O(N(\#\mathcal{A}\#\mathcal{B})^{\frac{1}{2}}(\log \log N)^{\frac{1}{2}}) = N\#\mathcal{K}\log \log N + O(N(N\#\mathcal{K})^{\frac{1}{2}}(\log \log N)^{\frac{1}{2}})$$

把这个估计代入式(145), 由式(142) 得

$$\sum_{n \leqslant N} \omega([\alpha n + \beta]) = N\log \log N + O\left(\frac{N^{\frac{3}{2}}(\log \log N)^{\frac{1}{2}}}{(\#\mathcal{K})^{\frac{1}{2}}}\right) + O(N(\log \log N)^{\frac{3}{4}}) = N\log \log N + $$

Beatty Theorem and Lambek-Moser Theorem

$$O\left(\frac{N^{\frac{3}{2}}(\log\log N)^{\frac{1}{2}}}{(\Delta\mathcal{K})^{\frac{1}{2}}}\right)+$$

$$O(N(\log\log N)^{\frac{3}{4}})$$

由 K 和 Δ 的选取,定理得证.

(2) $\alpha < 1$ 时.

选取 $t = [\alpha^{-1}] + 1$,则无理数 $\alpha t > 1$. 另外

$$\sum_{n\leqslant N}\omega([\alpha n+\beta]) = \sum_{j=0}^{t-1}\sum_{m\leqslant\frac{N-j}{t}}\omega([\alpha tm+\alpha j+\beta])$$

和第一种情况的讨论一样,我们得到定理的证明.

用同样的方法,我们还可以得到定理 16 的证明.

定理 16 的证明 和以上两个定理的证明类似,我们根据 α 是否大于 1,也分两种情况讨论.

(1) $\alpha > 1$ 时.

选取 $K = \left[\dfrac{N}{(\log\log N)^{\frac{1}{4}}}\right]$ 和 $\Delta = (\log\log N)^{-\frac{1}{4}}$,并设 $\gamma, c, \mathcal{N}, \mathcal{N}^c, \mathcal{K}, \mathcal{A}, \mathcal{B}$ 和 N 如定理 14 一样. 当 N 充分大时,由式(140) 和(142) 可得

$$\#\mathcal{N}^c = O\left(\frac{N}{(\log\log N)^{\frac{1}{4}}}\right) \quad (146)$$

$$\#\mathcal{A} = \#\mathcal{N} = N + O\left(\frac{N}{(\log\log N)^{\frac{1}{4}}}\right) \quad (147)$$

$$\#\mathcal{B} = \#\mathcal{K} \gg \frac{N}{(\log\log N)^{\frac{1}{2}}} \quad (148)$$

选取 C' 使得下式成立

$$\log\log N + C(\log\log N)^{\frac{1}{2}} = \log\log M + C'(\log\log M)^{\frac{1}{2}} \quad (149)$$

因为 $M \asymp N$,所以 $C' = C(1 + o(1))$,从而

$$\int_{-\infty}^{C} e^{-\frac{t^2}{2}} dt = \int_{-\infty}^{C} e^{-\frac{t^2}{2}} dt + o(1) \qquad (150)$$

令

$$f(m) = \begin{cases} 1, \text{若 } \omega(m) - \log\log M \leqslant C'(\log\log M)^{\frac{1}{2}} \\ 0, \text{其他} \end{cases}$$

则由式(149)可得 $F(N,C) = \sum_{n \leqslant N} f([\alpha n + \beta])$. 对每个 $k \in \mathcal{K}$, 根据式(146)和 K 的选取得

$$F(N,C) = \sum_{n \leqslant N} f([\alpha(n+k)+\beta]) + O(K) =$$

$$\sum_{n \leqslant N} f([\alpha(n+k)+\beta]) +$$

$$O(K) + O(\#\mathcal{N}^c) =$$

$$\sum_{n \leqslant N} f([\alpha(n+k)+\beta]) +$$

$$O\Big(\frac{N}{(\log\log N)^{\frac{1}{4}}}\Big) =$$

$$\frac{1}{\#\mathcal{K}} \sum_{n \leqslant N} \sum_{k \leqslant \mathcal{K}} f([\alpha n + \beta - \gamma] + [\alpha k + \gamma]) +$$

$$O\Big(\frac{N}{(\log\log N)^{\frac{1}{4}}}\Big) =$$

$$\frac{1}{\#\mathcal{B}} \sum_{a \leqslant \mathcal{A}} \sum_{b \leqslant \mathcal{B}} f(a+b) + O\Big(\frac{N}{(\log\log N)^{\frac{1}{4}}}\Big)$$

应用引理 16 得

$$F(N,C) = \frac{\#\mathcal{A}}{\sqrt{2\pi}} \int_{-\infty}^{C} e^{-\frac{t^2}{2}} dt + O\Big(M\Big(\frac{\#\mathcal{A}}{\#\mathcal{B}\log\log M}\Big)^{\frac{1}{2}}\Big) +$$

$$O\Big(\frac{N}{(\log\log N)^{\frac{1}{4}}}\Big)$$

由式(147)(148)(150) 和 $M \asymp N$, 定理得证.

(2) $\alpha < 1$ 时.

选取 $t = [a^{-1}] + 1$,则无理数 $at > 1$. 令 $N_j = \frac{N-j}{t}$ $(j=0,\cdots,t-1)$,则 $F(N,C) = \sum_{j=0}^{t-1} F_j$,其中 $F_j = \#\{m \leqslant N_j \mid \omega([atm + aj + \beta]) - \log \log N \leqslant C(\log \log N)^{\frac{1}{2}}\}$. 对每个 j,选取 C_j 使得 $\log \log N + C(\log \log N)^{\frac{1}{2}} = \log \log N_j + C_j(\log \log N_j)^{\frac{1}{2}}$ 成立. 因为 $N_j \asymp N$,所以 $C_j = C(1 + o(1))$,从而 $\int_{-\infty}^{C_j} e^{-\frac{t^2}{2}} dt = \int_{-\infty}^{C} e^{-\frac{t^2}{2}} dt + o(1)$. 和以上讨论一样,得到

$$F(N,C) = \sum_{j=0}^{t-1} \left(\frac{N_j}{\sqrt{2\pi}} \int_{-\infty}^{C_j} e^{-\frac{t^2}{2}} dt + O\left(\frac{N}{(\log \log N)^{\frac{1}{4}}}\right) \right) = \frac{N}{\sqrt{2\pi}} \int_{-\infty}^{C} e^{-\frac{t^2}{2}} dt + O\left(\frac{N}{(\log \log N)^{\frac{1}{4}}}\right)$$

定理得证.

定理 17 的证明 和以上定理的证明类似,运用引理 17,易得定理的证明.

编辑手记

本书的写作念头是始于 20 世纪 80 年代,当时对 IMO 很感兴趣. 读了当时出版的几乎所有 IMO 题解,最后当读到华老的双法小组编译的一本小册子(记得是科学普及出版社出版的)时,该书写到 1978 年国际中学生数学竞赛题解时,页下有一个小 5 号字的注:说美国有两位中学生发现这个难题其实就是贝蒂定理的特例. 而这个贝蒂定理据华罗庚先生讲它只在维诺格拉朵夫的《数论基础》的习题中出现过,于是笔者便开始留意《数论基础》. 直到 20 世纪 90 年代初大学的图书馆纷纷开始处理旧书,在路边的旧书摊上笔者终于买到了属于自己的

《数论基础》,当然也找到了贝蒂定理.

另一次与贝蒂定理相遇也很巧.20 世纪 80 年代初山西省教育学院的何思谦老师单枪匹马要编《数学辞海》,笔者与哈师大数学系资料室王寿民老师被网罗进编写队伍中.在笔者去资料室查阅资料时意外发现了中国数论大师闵嗣鹤先生 1952 年发表在《中国数学杂志》上的一篇捡石子游戏的文章.读后发现这正是贝蒂定理的游戏模型,真是喜出望外,连叹巧遇.

今年 91 岁的何兆武先生曾回忆说:

> "我有一位很有名气的数学老师闵嗣鹤……五六十年代,每年都有全国中学数学竞赛,这个竞赛的题目就是由他来出.我听一个同教数学的老同学讲,全国中学数学竞赛不是考学生,而是考老师.因为出题目是最难的,不能太难,也不能太容易.这题目必须难到一定程度,只有少数几个人能做出来.好几万学生都来考,但要保证只有几个学生做得出来,又不能没有一个人做出来.这个题就一直是闵先生来出的,可见他的水平有多么高."

何老先生对数学是外行,对数学竞赛的了解仅限于道听途说.但有一点他说对了,那就是:数学竞赛题难出.这个难点还在于要有深刻与巧妙的背景.而本书就是来谈这个背景的.

其实注意到这个试题的背景的绝不仅仅是笔者一人.早年毕业于北京大学数学系的严华祥先生早已对此进行了系统研究.在本书即将付梓之际,严老寄来了他的文章,附于后.

Beatty 定理与 Lambek-Moser 定理

自然数列的两个互补子数列

直观的猜想,确实的推理,交织着无意识的神秘主义以及对超人智慧形式方法的盲目自信,正在开拓着拥有无尽宝藏的数学王国.①

[美] Richard Courant,Herbert Robbins

1. 两道 IMO 备选题的证明

第 29 届 IMO 有下列两道备选题:

(1) 如 n 遍历所有正整数,证明:$f(n) = \left[n + \sqrt{\dfrac{n}{3}} + \dfrac{1}{2}\right]$ 跳跃地遍历序列 $a_n = 3n^2 - 2n$.

(2) 如 n 遍历所有正整数,证明:$f(n) = \left[n + \sqrt{3n} + \dfrac{1}{2}\right]$ 跳跃地遍历序列 $a_n = \left[\dfrac{n^2 + 2n}{3}\right]$.

其中 $[x]$ 是高斯函数,即不超过 x 的最大整数.

以上两题"跳跃地遍历"似应理解为"跳跃地遍历 $f(n)$ 相对自然数列中的缺失项 a_n".

首先就题(1),列表 1 如下.

---

① 摘自《数学是什么》.

Beatty Theorem and Lambek-Moser Theorem

表 1

n	1	2	3	4	5	6	7	8	⋯
$f(n)$	2	3	4	5	6	7	9	10	11 ⋯
a_n	1	8	21	40	65	96	133	176	⋯
n	14	15	16	17	18	19	20	⋯	
$f(n)$	16	17	18	19	20	22	⋯		
a_n	⋯								

由表 1 可以看出序列 $f(n)$ 的前 19 项缺失项正是 a_n 的前 3 项,共同合成自然数列的前 22 项. 一般地,反过来看,自然数 a_n, a_{n+1} 之间有 $\Delta_n = a_{n+1} - a_n - 1 = 6n (= f(k_{n+1} + 0) - f(k_n + 0) - 1 = 6n)$ 个整数. 因而允许 $6n$ 个连续的 $f(k)$ 插入构成连续的一段自然数列

$$a_n, a_n + 1 = f(k_n + 0), f(k_n + 1), \cdots,$$
$$f(k_n + 6n - 1), a_{n+1}, f(k_n + 6n) = a_{n+1} + 1 \quad (*)$$

其中 $k_n = \min\{k \mid a_n < f(k), k \in \mathbf{N}\}$. 容易验证,对 $(n, k) = (1, 1), (2, 7), (3, 19)$ 上述数列成立. 要证明对任意自然数 n 成立,这里关键是要证明对任意的 n,三项 $f(k_{n-1} + 6(n-1) - 1), a_n, f(k_n + 0)$ 是连续自然数.

考察数列 $\{f(k)\}: f(k) = \left[k + \sqrt{\dfrac{k}{3}} + \dfrac{1}{2} \right]$ 对 k 单调递增, $f(k+1) - f(k) = 1 + \left[\sqrt{\dfrac{k+1}{3}} + \dfrac{1}{2} \right] - \left[\sqrt{\dfrac{k}{3}} + \dfrac{1}{2} \right] \geqslant 1$. $\left[\sqrt{\dfrac{k+1}{3}} + \dfrac{1}{2} \right] - \left[\sqrt{\dfrac{k}{3}} + \dfrac{1}{2} \right] = 1$ 的等价条件是存在正整数 n 使不等式 $\sqrt{\dfrac{k}{3}} + \dfrac{1}{2} < n \leqslant$

$\sqrt{\dfrac{k+1}{3}}+\dfrac{1}{2}$ 成立,即
$$k < 3n^2 - 3n + \dfrac{3}{4} \leqslant k+1$$

因 $k, n \in \mathbf{N}$,当且仅当正整数 $k = 3n^2 - 3n$ 时不等式成立,有 $\left[\sqrt{\dfrac{3n^2-3n+1}{3}}+\dfrac{1}{2}\right] - \left[\sqrt{\dfrac{3n^2-3n}{3}}+\dfrac{1}{2}\right] = 1, f(3n^2-3n+1) - f(3n^2-3n) = 2$,当正整数 $k \neq 3n^2 - 3n (n \in \mathbf{N})$ 时,$\left[\sqrt{\dfrac{k+1}{3}}+\dfrac{1}{2}\right] - \left[\sqrt{\dfrac{k}{3}}+\dfrac{1}{2}\right] = 0, f(k+1) - f(k) = 1$. 这就是说,$f(3n^2-3n+1) - f(3n^2-3n) = 2$,当 $k \neq 3n^2 - 3n (n \in \mathbf{N})$ 时,$f(k+1) - f(k) = 1$. 而

$$f(3n^2 - 3n + 1) =$$
$$3n^2 - 3n + 1 + \left[\sqrt{\dfrac{3n^2-3n+1}{3}}+\dfrac{1}{2}\right] =$$
$$3n^2 - 3n + 1 + \left[\sqrt{\left(n-\dfrac{1}{2}\right)^2 + \dfrac{1}{12}}+\dfrac{1}{2}\right] =$$
$$3n^2 - 2n + 1 = a_n + 1$$

这里 $\sqrt{\left(n-\dfrac{1}{2}\right)^2}+\dfrac{1}{2} < \sqrt{\left(n-\dfrac{1}{2}\right)^2+\dfrac{1}{12}}+\dfrac{1}{2} < \sqrt{\left(n-\dfrac{1}{2}\right)^2}+\dfrac{1}{3}+\dfrac{1}{2}$,故 $\left[\sqrt{\left(n-\dfrac{1}{2}\right)^2+\dfrac{1}{12}}+\dfrac{1}{2}\right] = n$.

又 $f(3n^2 - 3n) = f(3n^2 - 3n + 1) - 2 = a_n - 1$,故 $f(3n^2-3n), a_n, f(3n^2-3n+1)$ 就是三个连续整数.

记 $k_n = 3n^2 - 3n + 1$,从 $k_n = 3n^2 - 3n + 1$ 至 $k_{n+1} = 3(n+1)^2 - 3(n+1) + 1$ 间不存在 $k_l = 3l^2 - 3l + 1 (l \in \mathbf{N})$ 型整数. 从 $f(3n^2 - 3n + 1)$ 至 $f(3n^2 +$

$3n-1) = f(3(n+1)^2 - 3(n+1))$ 共 $6n$ 个 $f(k)$ 是连续自然数.

至此自然数列（ $*$ ）对 $n \in \mathbf{N}$ 成立，题（1）证完.

题（2）有点麻烦！但有了题（1）的经验可借鉴，由 $f(n) = \left[n + \sqrt{3n} + \dfrac{1}{2}\right]$，$a_n = \left[\dfrac{n^2 + 2n}{3}\right]$ 它们的值，再加上 $\Delta_n = a_{n+1} - a_n - 1$ 的值列表 2 如下.

表 2

n	1	2	3	4	5	6	7	8	9	10
$f(n)$	3	4	6	7	9	10	12	13	14	15
a_n	1	2	5	8	11	16	21	26	33	40
Δ_n	0	2	2	2	4	4	4	6	6	6
n	11	12	13	14	15	⋯				
$f(n)$	17	18	19	20	22	⋯				
a_n	47	56	65	74	⋯					
Δ_n	8	8	8	⋯						

由表 2 可见序列 $f(n)$ 的前 15 项相对于自然数列的缺失项正是 a_n 的前 7 项，共同合成自然数列的前 22 项. 反过来看，一般地，自然数 a_n, a_{n+1} 之间有 $\Delta_n = a_{n+1} - a_n - 1 = 2 \cdot \left[\dfrac{n+1}{3}\right] (= f(k_{n+1} + 0) - f(k_n + 0) - 1)$ 个整数一起构成数列

$$a_n, (a_n + 1 =) f(k_n + 0), f(k_n + 1), \cdots,$$
$$f(k_n + \Delta_n - 1), a_{n+1}, f(k_n + \Delta_n) = a_{n+1} + 1$$
$$(**)$$

其中 $k_n = \min\{k \mid a_n < f(k), k \in \mathbf{N}\}$. 表 2 中 $\Delta_n =$

$a_{n+1} - a_n - 1 = 2 \cdot \left[\dfrac{n+1}{3}\right]$. 理由如下:

令 $n = 3m + r(r = 0, 1, 2, m$ 是非负质数$)$,有

$\Delta_n = a_{n+1} - a_n - 1 = a_{n+1} - (a_n + 1) =$

$\left[\dfrac{(n+1)^2 + 2(n+1)}{3}\right] - \left[\dfrac{n^2 + 2n + 3}{3}\right] =$

$3m^2 + 2m(r+2) + r + \left[\dfrac{r^2 + r}{3}\right] + 1 -$

$\left\{3m^2 + 2m(r+1) + r + \left[\dfrac{r^2 + 2r}{3}\right] + 1\right\} =$

$2m + r + \left[\dfrac{r^2 + 4r}{3}\right] - \left[\dfrac{r^2 + 2r}{3}\right] =$

$\begin{cases} 2m & r = 0, 1 \\ 2(m+1) & r = 2 \end{cases} =$

$\begin{cases} 2\left[\dfrac{n}{3}\right] & r = 0, 1 \\ 2\left(\left[\dfrac{n}{3}\right] + 1\right) & r = 2 \end{cases} =$

$0, 2, 2, 2, 4, 4, 4, 6, 6, 6, \cdots$

(依次对应于 $n = 1, 2, 3, 4, \cdots$)

所以,$\Delta_n = a_{n+1} - (a_n + 1) = \left[\dfrac{n+1}{3}\right]$.

容易验证,对 $(n, k_n) = (1, 0), (2, 2), (3, 2)$ 数列 $(**)$ 成立. 要证对任意自然数 n 成立,而这里关键是要证明对任意的 n,三项 $f(k_{n-1} + \Delta_n - 1), a_n, f(k_{n-1} + \Delta_n) = f(k_n + 0)$ 是连续自然数. 考察数列 $\{f(k)\}$:

$f(k+1) - f(k) = 1 + \left[\sqrt{3(k+1)} + \dfrac{1}{2}\right] - \left[\sqrt{3k} + \dfrac{1}{2}\right]$.

$\left[\sqrt{3(k+1)} + \dfrac{1}{2}\right] - \left[\sqrt{3k} + \dfrac{1}{2}\right]$ 差为 0 或 1. 理由是

Beatty Theorem and Lambek-Moser Theorem

$\left[\sqrt{3(k+1)} + \dfrac{1}{2}\right] - \left[\sqrt{3k} + \dfrac{1}{2}\right] = 1$ 的充要条件是存在正整数 n 使不等式 $\sqrt{3k} + \dfrac{1}{2} < n \leqslant \sqrt{3(k+1)} + \dfrac{1}{2}$ 成立,即

$$k < \dfrac{1}{3}\left(n - \dfrac{1}{2}\right)^2 = \dfrac{n^2 - n}{3} + \dfrac{1}{12} \leqslant k + 1$$

因为 $n^2 - n$ 除以 3 的余数为 $0, 1, 2$,所以 $\left[\dfrac{n^2 - n}{3} + \dfrac{1}{12}\right] = \left[\dfrac{n^2 - n}{3}\right]$. 取 $k = \left[\dfrac{n^2 - n}{3}\right] = a_n - n$ 时 ($k = 0$ 意味着 a_{n-1}, a_n 为连续的自然数),$f(k+1) - f(k) = 2$,否则 $f(k+1) - f(k) = 1 (k \geqslant 2)$. 相应地对 $n \geqslant 3$ 计算

$f(k+1) = f(a_n - n + 1) =$

$\qquad f\left(\left[\dfrac{n^2 - n}{3}\right] + 1\right) =$

$a_n - n + 1 + \left[\sqrt{3\left[\dfrac{n^2 - n + 3}{3}\right]} + \dfrac{1}{2}\right] =$

$a_n + 1 + \left[\sqrt{3\left[\dfrac{n^2 - n + 3}{3}\right]} + \dfrac{1}{2} - n\right] =$

$a_n + 1$

当 $n \geqslant 5$ 时

$0 \leqslant \left[\sqrt{3\left[\dfrac{n^2 - n + 3}{3}\right]} + \dfrac{1}{2} - n\right] \leqslant$

$\left[\sqrt{n^2 - n + 3} + \dfrac{1}{2} - n\right] \leqslant$

$\left[\sqrt{\left(n - \dfrac{1}{2}\right)^2 + \dfrac{11}{4}} - \left(n - \dfrac{1}{2}\right)\right] \leqslant$

$\left[\sqrt{\left(n - \dfrac{1}{2}\right)^2 + 3} - \left(n - \dfrac{1}{2}\right)\right] \leqslant$

$$\left[\frac{3}{\sqrt{\left(n-\frac{1}{2}\right)^2+2}+\left(n-\frac{1}{2}\right)}\right] \leqslant$$

$$\left[\frac{3}{n-1}\right]=0 \quad n \geqslant 5$$

对 $1 < n < 5$,可直接计算验证上列 $[\cdots]=0$. 于是当 $k \geqslant 2$ 时,有

$$f(k+1)=f(a_n-n+1)=a_n+1$$
$$f(k)=f(a_n-n)=a_n-1$$

这是对任意自然数 n 都成立的结果. 于是下列三数是三个连续的整数

$$f(k)=f(a_n-n)=a_n-1, a_n,$$
$$f(k+1)=f(a_n-n+1)=a_n+1$$

据此结果,k 取 a_n-n+1 到 $a_{n+1}-(n+1)$ 的自然数时,$f(k+1)-f(k)=1$,即 $f(a_n-n+1),\cdots,f(a_{n+1}-n-1)$ 是共 $a_{n+1}-a_n-1$ 个连续的自然数. 数列(**)成立,题(2)证完.

2. 互补定义・定理・充要条件

为了简化解答,拓广结果,继续考察题(1). 从 $f(n)=\left[n+\sqrt{\frac{n}{3}}+\frac{1}{2}\right]$ 的表达式与自然数列想到,作为函数,它的主要部分"依附"着直线 $y=x$,其余部分 $\left[\sqrt{\frac{n}{3}}+\frac{1}{2}\right]$ 是用以修正的,高斯函数完成这种修正,且允许函数表达式不是很精确,重点在修正部分 $\left[\sqrt{\frac{n}{3}}+\frac{1}{2}\right]$ 上,a_n 也可以改成这样的两部分:$n+$ 修正部分,即 $a_n=n+3(n^2-n)$. 若令 $f(x)=x+\varphi(x)$,

其中 $\varphi(x) = \left[\sqrt{\dfrac{n}{3}} + \dfrac{1}{2}\right]$，$\varphi(x)$ 的反函数是 $\varphi^{-1}(x) = 3(x^2 - x + \dfrac{1}{4})$，$g(x) = x + \varphi^{-1}(x)$，$a_n = [g(n)] = [n + 3(n^2 - n + \dfrac{1}{4})] = 3n^2 - 2n$。这个认识建立了 $f(n) = n + \varphi(n)$ 与 $a_n = n + 3(n^2 - n)$ 之间的关系，可引出更一般的结果。

定义 1 自然数列的两个递增子数列 $\{a_n\}$ 和 $\{b_n\}$ 的项组成的集合，满足：

(1) $\{a_n \mid n \in \mathbf{N}\} \bigcup \{b_n \mid n \in \mathbf{N}\} = \mathbf{N}$；

(2) $\{a_n \mid n \in \mathbf{N}\} \bigcap \{b_n \mid n \in \mathbf{N}\} = \varnothing$。

则称这两个数列为互补的。

定理 1 设函数 $\varphi(x)$ 是在 $[1, \infty)$ 上有定义并单调递增，值域包含区间 $(0, \infty)$，且对任何的 $n \in \mathbf{N}$，$n > 1$，$\varphi(n)$ 不是整数。那么数列 $\{n + [\varphi(n)]\}$ 与 $\{n + [\varphi^{-1}(n)]\}$ $(n \in \mathbf{N})$ 为互补的，其中 $[x]$ 是高斯函数，$\varphi^{-1}(x)$ 是 $\varphi(x)$ 的反函数。

证明 令函数 $f(n) = n + [\varphi(n)]$，$g(n) = n + [\varphi^{-1}(n)]$，显然它们是 n 的单调递增函数，沿着题 (1) 和题 (2) 的思路，从考察 $f(n+1) - f(n)$ 等于 1 或大于 1 入手证明。

若 $\varphi(1) > 1$，则 $\varphi^{-1}(1) < 1$。由 $\varphi(x)$ 与 $\varphi^{-1}(x)$ 的对称性，不妨设 $\varphi(1) < 1$，$f(1) = 1$。

假定 $f(1), f(2), \cdots, f(k)$ 是连续的自然数，而 $f(k) + 1 < f(k+1)$。记 $m_0 = f(k)$，$m = m_0 + 1 < f(k+1)$，则

$$m_0 < m_0 + 1 = m \notin \{f(k) \mid k \in \mathbf{N}\}$$

下面证明 $m \in \{g(n) \mid n \in \mathbf{N}\}$，有

$$m_0 = f(k) = k + [\varphi(k)] < m_0 + 1 =$$
$$m < f(k+1) = k + 1 + [\varphi(k+1)]$$
$$[\varphi(k)] < m_0 + 1 - k =$$
$$m - k < f(k+1) - k = 1 + [\varphi(k+1)]$$

利用高斯函数的性质 $[x] \leqslant x < 1 + [x]$,在两整数间插入 $\varphi(k)$ 与 $\varphi(k+1)$

$$[\varphi(k)] \leqslant \varphi(k) < m_0 + 1 - k =$$
$$m - k < \varphi(k+1) < 1 + [\varphi(k+1)]$$

其中 $n > 1, \varphi(n)$ 不是整数. 拣要紧项

$$\varphi(k) < m - k < \varphi(k+1)$$

因为 $\varphi(x)$ 与 $\varphi^{-1}(x)$ 都是单调递增函数,所以 $k < \varphi^{-1}(m-k) < k+1$,故 $[\varphi^{-1}(m-k)] = k$. 取 $l = m - k$,则 $[\varphi^{-1}(l)] = k = m - l, l + [\varphi^{-1}(l)] = m$,即 $m = g(l) \in \{g(n) \mid n \in \mathbf{N}\}$.

从 $m = g(n) \in \{g(n) \mid n \in \mathbf{N}\}$ 出发,设 $g(n), g(n+1), \cdots, g(n+t)$(整数 $t \geqslant 0$)是连续的自然数,而 $g(n+t) + 1 < g(n+t+1)$,如上从 $f(k)$ 到 $g(l)$,同法由 $g(n)$ 到 $f(k)$ 证明 $g(n+t) + 1 \in \{f(n) \mid n \in \mathbf{N}\}$. 证完.

运用定理 1 到第 29 届 IMO 的两道备选题.

在题(1)中,令函数 $\varphi(x) = \sqrt{\dfrac{x}{3}} + \dfrac{1}{2}$,反函数 $\varphi^{-1}(x) = 3(x - \dfrac{1}{2})^2, x \geqslant \dfrac{1}{2}, \sqrt{\dfrac{n}{3}}$ 不是整数就是无理数,$\varphi(n)$ 不是整数,$[\varphi(1)] = 0, f(1) = 1$. 据定理 1,数列 $f(n) = [n + \varphi(n)] = \left[n + \sqrt{\dfrac{n}{3}} + \dfrac{1}{2}\right]$ 与数列 $g(n) = [n + \varphi^{-1}(n)] = \left[n + 3(n - \dfrac{1}{2})^2\right] = \left[3n^2 - \right.$

Beatty Theorem and Lambek-Moser Theorem

$3n + \dfrac{3}{4} + n \bigg] = 3n^2 - 2n = a_n$ 是互补数列.

在题(2)中,令 $\varphi(x) = \sqrt{3x} + \dfrac{1}{2}$,反函数 $\varphi^{-1}(x) = \dfrac{1}{3}(x - \dfrac{1}{2})^2$. $\varphi(n) = \sqrt{3n} + \dfrac{1}{2}$ 不是整数,且 $[\varphi^{-1}(1)] = 0$. 数列 $f(n) = [n + \varphi(n)] = \left[n + \sqrt{3n} + \dfrac{1}{2}\right]$. 数列 $g(n) = [n + \varphi^{-1}(n)] = \left[n + \dfrac{n^2 - n}{3} + \dfrac{1}{12}\right] = \left[\dfrac{n^2 + 2n}{3} + \dfrac{1}{12}\right]$. 因为 $\dfrac{n^2 + 2n}{3} = \dfrac{n(n+2)}{3} = \dfrac{(n+1)^2 - 1}{3}$ 要么是整数,要么是一个整数与 $-\dfrac{1}{3}$ 的和,故由高斯函数的性质,$\left[\dfrac{n^2 + 2n}{3} + \dfrac{1}{12}\right] = \left[\dfrac{n^2 + 2n}{3}\right] = a_n$,于是 $f(n)$ 与 a_n 是互补数列.

由这个定理立即可以编出下面几对数列都是互补的.

例 1 取 $\varphi(x) = \dfrac{1}{2}\csc\left(\dfrac{\pi}{2x}\right)(x \geqslant 1)$,则 $\varphi^{-1}(x) = \dfrac{\pi}{2\arcsin\dfrac{1}{2x}}$, $\varphi(x)$ 单调递增($n > 1$, $\varphi(n)$ 不是整数), $0 < \varphi(1) < 1$. 数列 $f(n) = n + [\varphi(n)]$ ($f(1) = 1$) 和 $g(n) = n + [\varphi^{-1}(n)]$ ($n \in \mathbf{N}$) 是互补的.

例 2 取 $\varphi(x) = \ln x (x \geqslant 1)$,单调递增,它的反函数 $\varphi^{-1}(x) = e^x$. 对 $n > 1$, $\varphi(n)$ 不是整数, $f(1) = 1$, 数列 $f(n) = n + [\ln n]$ ($n \in \mathbf{N}$) 与 $g(n) = n + [e^n]$ 是互补的.

例3 取 $\varphi(x)=\sqrt[3]{x^2-1}$, $\varphi^{-1}(x)=\sqrt{x^3+1}$, 则 $f(n)=n+[\sqrt{n^3+1}]$ 与 $g(n)=n+[\sqrt[3]{n^2-1}]$ 就不是互补的. 因为出现 $g(2)=f(3)=5$. 源于 $\varphi(3)=2\in \mathbf{Z}$; 如果改取 $\varphi(n)=\sqrt{n^2-\frac{1}{2}}$ 时, 就有对 $n>1$, $\varphi(n)$ 不是整数, $f(n)=n+[\sqrt[3]{n^2-\frac{1}{2}}]$, $g(n)=n+[\sqrt{n^3+\frac{1}{2}}]$, 则 $\{f(n)\}$ 与 $\{g(n)\}$ 就是互补的.

以上3例中,例1和例2是超越函数,直接证明十分困难,但却是定理1的简单结果,并给出了编题的方法;例3是无理函数,加注了定理1中的条件:关于 $\varphi(n)(n>1)$ 不为整数是重要的,在下面命题中, $\varphi(n)\notin \mathbf{N}$ 甚至成为大前提. $\varphi(x)$ 与 $\varphi^{-1}(x)$ 的关系是对称的, $\varphi(x)$ 与 $\varphi^{-1}(x)$ 的表达式可作调整(即有些参数不唯一).

定义2 自然数列的两个子数列 $\{a_n\}$ 与 $\{b_k\}$, 将它们的项从小到大排列成的数列称为合成数列 "a_k-b_l"$=\{c_n\}$.

充要条件 自然数列的两个单调递增子数列 $\{a_k\}$ 与 $\{b_l\}$ 互补的充要条件是它们的合成数列 $\{c_n\}$ 是自然数列,即 $c_n=n(n\in \mathbf{N})$.

这个充要条件较为明显,定义1(1)和定义2等价于 $\{a_n\}$ 与 $\{b_k\}$ 自身和互相不重叠, c_n 单调递增;定义1(2)和定义2等价于 $c_n=n(n\in \mathbf{N})$.

命题 自然数列的两个单调递增子数列 $\{a_k\}$ 和 $\{b_l\}$ 互补,它们的合成数列 c_n 的下标 $n(n\in \mathbf{N})$ 的双重"性质":序数性与基数性.

当 $c_n=a_k$ 时,$n=c_n=a_k=k+l$,l 是 $b_t(b_t<a_k)$ 的项数,b_t 不存在时,取 l 为 0;

当 $c_n=b_l$ 时,$n=c_n=b_l=l+k$,k 是 $a_t(a_t<b_l)$ 的项数,a_t 不存在时,取 k 为 0.

此充要条件及命题对下面的讨论有重要作用.

3. 数列 $[n\alpha]$ 与 $[n\beta]$ 的互补

在定理 1 的基础上讨论一类特殊类型的数列:$[n\alpha]$ 与 $[n\beta](\alpha,\beta>0$ 且为正无理数)互补的充要条件.

题 1 Let α,β be positive irrationals. Show that the sets $[n\alpha]$ and $[n\beta]$ $(n=1,2,3,\cdots)$ are complements iff $\dfrac{1}{\alpha}+\dfrac{1}{\beta}=1$. ①

证明 在此,配合前文中的定义与定理,带出若干结论与题目.

先证充分性. 由 $\dfrac{1}{\alpha}+\dfrac{1}{\beta}=1$ 知,$\beta=\dfrac{\alpha}{\alpha-1}>1$,令 $\varphi(x)=(\alpha-1)x>0$,由大前提 α,β 是无理数,$\varphi(n)=(\alpha-1)n>0$,$\varphi^{-1}(n)=\dfrac{n}{\alpha-1}=(\beta-1)n$ 皆为非整数,$f(n)=n+[\varphi(n)]=[n\alpha]$,$g(n)=n+[\varphi^{-1}(n)]=[n\beta]$,由定理 1,知 $[n\alpha]$,$[n\beta]$ 是互补的.

再证必要性. 因 α,β 是正无理数,$[n\alpha]$,$[n\beta]$ 是互补的. 不妨设 $\alpha<\beta$,则 $[\alpha]=1$,$1<\alpha<2$. 取 $\gamma=$

---

① 此题出处为 *Problem Books in Mathematics*,*A Problem Seminar*,Donald J. Newman.

$\frac{\alpha}{\alpha-1} > 1$, $\frac{1}{\alpha} + \frac{1}{\gamma} = 1$. 由上面的充分性所证, $[n\alpha]$, $[n\gamma]$ 互补. $[n\alpha]$ 是确定的数列, 从 $n=1$ 开始对照, 应该有 $[n\beta] = [n\gamma]$ 对任何自然数 n 成立, 于是必有 $\beta = \gamma$. 否则不妨设 $\beta = \gamma + \varepsilon (\varepsilon > 0)$, 对 $n \geqslant \frac{1}{\varepsilon}$, $[n\beta] = [n\gamma + n\varepsilon] \geqslant [n\gamma] + 1$, 与 $[n\beta] = [n\gamma]$ 矛盾. 可见 $\frac{1}{\alpha} + \frac{1}{\gamma} = 1$ 即 $\frac{1}{\alpha} + \frac{1}{\beta} = 1$.

例 4 $\sqrt{3}$ 是无理数, 取 $\alpha = \sqrt{3} > 1, \beta = \frac{\sqrt{3}}{\sqrt{3}-1} > 1$, 则 $\frac{1}{\alpha} + \frac{1}{\beta} = 1$, 于是数列 $[n\alpha] = [\sqrt{3}\,n]$, $[n\beta] = \left[\frac{\sqrt{3}\,n}{\sqrt{3}-1}\right]$ 是互补的. 它们的前若干项如下

$$[\sqrt{3}\,n] = 1, 3, 5, 6, 8, 10, 12, 13, \cdots$$

$$\left[\frac{\sqrt{3}\,n}{\sqrt{3}-1}\right] = 2, 4, 7, 9, 11, 14, 16, \cdots$$

例 5 圆周率 π 是无理数, 取 $\alpha = \frac{\pi}{3} > 1, \beta = \frac{\pi}{\pi - 3} > 1$, 有 $\frac{1}{\alpha} + \frac{1}{\beta} = 1$, 则 $[n\alpha] = \left[\frac{n\pi}{3}\right]$, $[n\beta] = \left[\frac{n\pi}{\pi - 3}\right]$ 是互补的. 它们的前若干项如下

$$\left[\frac{n\pi}{3}\right] = 1, 3, 4, 6, 7, 10, 12, \cdots$$

$$\left[\frac{n\pi}{\pi - 3}\right] = 2, 5, 8, 9, 11, 13, 19, \cdots$$

例 6 超越数 e 定义为极限 $\lim_{h \to 0}(1 + \frac{1}{h})^h$, 近似值

Beatty Theorem and Lambek-Moser Theorem

是 $2.71828\cdots$，取 $\alpha = \dfrac{e}{2} > 1, \beta = \dfrac{e}{e-2} > 1$，有 $\dfrac{1}{\alpha} + \dfrac{1}{\beta} = 1$，则 $[n\alpha] = \left[\dfrac{ne}{2}\right], [n\beta] = \left[\dfrac{ne}{e-2}\right]$ 是互补的. 它们的前若干项如下

$$\left[\dfrac{ne}{2}\right] = 1,2,4,5,6,8,9,10,12,13,14,\cdots$$

$$\left[\dfrac{ne}{e-2}\right] = 3,7,11,15,18,\cdots$$

4. 互补·筛选·函数方程

以上讨论互补都要使用高斯函数. 以下讨论"筛选"及几个纯代数关系(方程)产生的互补数列.

题 2 Suppose we "sieve" the integers as follows: we choose and then delete $a_1 + 1 = 2$. The next term is 3, which is we call a_2, and then we delete $a_2 + 2 = 5$. Thus, the next available integer is $4 = a_4$, and we delete $a_3 + 3 = 7$, etc. There we leave the integers $1,3,4,6,8,9,11,12,14,16,17,\cdots$. Find a formula for a_n. ①

解 "sieve" 意为筛选. 留下项的数列 $\{a_n\}$，删除项的数列 $\{b_n\}$ 二者互补：$a_1 = 1$，删除 $b_1 = a_1 + 1 = 2$，$a_2 = 3, b_2 = a_2 + 2 = 5$，补 $a_3 = 4, b_3 = a_3 + 3 = 7, a_4 = 6, b_4 = a_4 + 4 = 10,\cdots$，"筛选" 过程形象地说，项 $b_n = a_n + n > a_n$，"走"在 a_n 前，a_n 填空 b_n 前没有"出现"过的自然数(补上)，保证了互补. 数列 $\{a_n\}$ 和 $\{b_n\}$ 有如

---

① 此题出处为 *Problem Books in Mathematics*, *A Problem Seminar*, Donald J. Newman.

下性质:

① a_n 的断与续. 整数 $a_{n+1} > a_n$,即 $a_{n+1} \geqslant a_n + 1$, a_n 随 n 可断可续.

② b_n 的孤立. $b_{n+1} - b_n = a_{n+1} - a_n + 1$,即 $b_{n+1} \geqslant b_n + 2$, b_n, b_{n+1} 不随 n 连续.

③ 筛选. $b_n = a_n + n > a_n$ ($n \in \mathbf{N}$) 单调递增,由互补,a_1 最小,$a_1 = 1$,$b_1 = a_1 + 1 = 2$,接下去,在 a_n,b_n ($n > 1$) 中,a_2 最小,$a_2 = 3 = 2 + 1$("跳"1),$a_3 = 4 = 3 + 1$,$b_2 = a_2 + 2 = 5$,$a_4 = 6 = 4 + 2$. 依据命题,记 $b_n = n + m$. m 是从 1 到 b_n 之间插入的 a_n 的项数,且随 n 的增大,插入的 a_n 的项越多就"跳"得越远. 如此,确定出下面的数列表 3.

表 3

n	1	2	3	4	5	6	7	8	9	10
a_n	1	3	4	6	8	9	11	12	14	16
b_n	2	5	7	10	13	15	18	20	23	26
$[n\alpha]$	1	3	4	6	8	9	11	12	14	16
n	11	12	13	14	15	16	17	18	19	20
a_n	17	19	21	22	24	25	27	29	30	32
b_n	28	31	34	…						
$[n\alpha]$	17	19	21	22	24	25	27	29	30	32

分析 试设 $a_n = [n\alpha]$,$b_n = [n\beta]$,其中 $\alpha > 0$ 是无理数,$\beta = \alpha + 1$,则 $[n\beta] = [(\alpha+1)n] = [n\alpha] + n$. 即 $a_n = [n\alpha]$,$b_n = [n\beta]$ 适合方程 $b_n = a_n + n > a_n$ ($n \in \mathbf{N}$). 将 $\alpha > 0$,$\beta = \alpha + 1$ 代入等式 $\dfrac{1}{\alpha} + \dfrac{1}{\beta} = 1$,解

得 $\alpha = \frac{\sqrt{5}+1}{2}, \beta = \frac{\alpha}{\alpha-1} = \frac{\sqrt{5}+3}{2}$. 所求数列的表达式是 $a_n = \left[\frac{\sqrt{5}+1}{2}n\right]$. 试设 $a_n = [n\alpha], b_n = [n\beta]$ 是正确的. 见数列表 3 的最后一行, 推理出的表达式 $[n\alpha]$ 与"筛选"出的数列(表 3 中 a_n)一致.

附注 本题从自然数列"筛选"出子数列的过程中, 得到代数关系式(方程)

$$b_n = a_n + n \quad n \in \mathbf{N}$$

这个方程写成函数方程: $g(n) = f(n) + n$, 加初始条件 $f(1)=1$, 可以引起两个方面的衍生: 一方面是 $f(n)$, 另一方面是和项"n", 它们都使函数值"跳"起来, 产生互补数列. 对前者想到迭代 $f(f(n))$, 后者想到 $kn(k$ 为某自然数). 先来看前者.

若 $f(n)$ 与 $g(n)$ 是定义在自然数集上的单调递增函数, 适合方程 $g(n) = f(f(n)) + 1 (n \in \mathbf{N})$. 设 $g(n) = n + m, m$ 是从 1 到 $g(n) = k$ 之间 $f(n)$ 的项数, 因互补, $k = n + m$. 对此 n, 因 $g(n)$ 是孤立的, 故 $f(k)$ 最大的项是 $f(m) = k - 1$. 由 $g(n) = f(f(n)) + 1$, 则 $f(f(n)) = g(n) - 1 = k - 1 = f(m)$. 由 f 的单调性, $f(n) = m$, 据命题又得 $k = m + n$, 于是得到方程

$$g(n) = f(n) + n$$

没有产生新的结果. 关于 $g(n) = f(n) + kn (n \in \mathbf{N}, k > 1)$, 见下例.

例 7 设 $f(n)$ 与 $g(n)$ 是定义在自然数集上的单调递增函数, 且互补, 又适合方程 $g(n) = f(n) + kn$ ($n \in \mathbf{N}, k > 1$), 试确定 $f(n)$ 与 $g(n)$.

解 $g(n) = f(n) + kn, f(1) = 1$ 是不定方程, 因为

它有无穷多解,例如,任意给出 $f(n)=3n-2,g(n)=(k+3)n-2$ 就是一组解.加互补作为条件可确定数列.先筛选,再推理导出表达式.为此做如下分析(为确定起见以 $k=2$ 为例):

① $f(n)$ 的断与续. $f(n)$ 单调递增,整数 $f(n+1)>f(n)$,即 $f(n+1)\geqslant f(n)+1$. $f(n)$ 可续可断.

② $g(n)$ 的孤立. $g(n+1)-g(n)=f(n+1)-f(n)+2\geqslant 3$,即 $g(n+1)\geqslant g(n)+3$. $g(n),g(n+1)$ 不续.

③ 显然 $g(n)>f(n)$,由互补性,$f(1)$ 最小,$f(1)=1$,接着,$g(1)=f(1)+2=3$.在 $f(n),g(n)$ $(n>1)$ 中,由互补性,从最小补起,$f(2)=2,f(3)=g(1)+1=3+1=4,g(2)=f(2)+4=6,f(4)=g(1)+1=4+1=5,\cdots$.据互补数列充要条件及命题得 $g(n)=n+m,m$ 是小于 $g(n)$ 的 $f(n)$ 的项数(表4). $g(2)=6=2+4$ 前有 4 个 $f(n)$ 的项 $1,2,4,5,g(3)=f(3)+6=10.g(2)$ 到 $g(3)$ 之间有 $6-4=2$ 项.确定出下面的数列表 4.

表 4

n	1	2	3	4	5	6	7	8	9	10
$f(n)$	1	2	4	5	7	8	9	11	12	14
$g(n)$	3	6	10	13	17	20	23	27	30	34
$[\sqrt{2}n]$	1	2	4	5	7	8	9	11	12	14
n	11	12	13	14	15	$\cdots$				
$f(n)$	15	16	18	19	21	$\cdots$				
$g(n)$	37	40	44	47		$\cdots$				
$[\sqrt{2}n]$	15	16	18	19	21	$\cdots$				

表4中$\alpha=\sqrt{2}$(对应$k=2$时,$[\sqrt{2}n]$就是第二行的$f(n)$).数列表4给出了一组数列若干的最初项.

对一般情况的k,试考虑将$g(n)=f(n)+kn$写成$g(n)-f(n)=kn$,表示$g(n)$与$f(n)$的差是n的正比例函数.而$n\alpha$,$n\beta$及其差$(\beta-\alpha)n$都是关于n的正比例函数,差$[n\beta]-[n\alpha]$"可能"也是n的正比例函数,试之.令$f(n)=[n\alpha]$,$g(n)=[n\beta]$.根据题1的充要条件,求出无理数$\alpha,\beta>0$满足$\dfrac{1}{\alpha}+\dfrac{1}{\beta}=1$就得到一组互补的$\{f(n)\}$与$\{g(n)\}$.

由$[n\beta]=[n\alpha]+kn=[(\alpha+k)n]$,取$\beta=\alpha+k$,代入$\dfrac{1}{\alpha}+\dfrac{1}{\beta}=1$得$\alpha$的方程$\dfrac{1}{\alpha}+\dfrac{1}{\alpha+k}=1$,解方程得$\alpha=\dfrac{1}{2}(2-k+\sqrt{k^2+4})>0$对整数$k>0$,$\alpha$是无理数.因为$\alpha=1+\dfrac{1}{2}(\sqrt{k^2+4}-k)=1+\dfrac{2}{\sqrt{k^2+4}+k}<2$,所以$f(1)=[\alpha]=1$,$\beta=\alpha+k=1+\dfrac{1}{2}(\sqrt{k^2+4}+k)$.依据题1就有$f(n)=[n\alpha]$,$g(n)=[n\beta]$互补.此数列对由$\alpha,\beta$决定,可见这里已经证明了一个结论:

若$f(n)$与$g(n)=f(n)+kn$互补,方程的解存在,由k唯一确定.

特别$k=2$,$\alpha=\sqrt{2}$,$f(n)=[\sqrt{2}n]$,$g(n)=[(2+\sqrt{2})n]$.这是表4中的最后一行.

附注 例7从筛选导得数列及其代数关系式(方程),再从方程求互补数列的表达式.这有别于从高斯函数出发的讨论,是个值得关注的方向.但要注意的是,既然已知数列的补数列存在又唯一,就不是可以随

意令 $f(n)=[n\alpha]$,因有时会无解.如 $5n-4=[n\alpha]$,即 $[(5-\alpha)n]=4(n\in \mathbf{N})$ 对无理数 $\alpha>0$ 不成立.同样 $g(n)=f(n)+n=(k+6)n-4=[n\beta]$ 对正无理数 β 也无解.这样的 $f(n)$ 与 $g(n)$ 也不互补.

以上仔细讨论了函数方程:"$f(1)=1,g(n)=f(f(n))+1$""$g(n)=f(n)+kn$" 与 "$g(n)=f(n)+n(n\in \mathbf{N})$",目的是想寻求具有完全的代数表达式(甚至限于初等函数)的互补数列 $\{f(n)\}$ 与 $\{g(n)\}$,研究这些关系本身,结果还是避不开高斯函数,真有点无奈.但跳出这些代数关系本身,列出方程系列,作简单类比:$+1,+n,+kn$,想到方程"$g(n)=f(n)+1(n\in \mathbf{N}),f(1)=1$".加互补,很快导得唯一解

$$f(n)=2n-1, g(n)=2n \quad n\in \mathbf{N}$$

既简单、熟悉,又是完全的代数表达,在如此折腾后得到它,似乎可笑,"众里寻他千百度,蓦然回首,那人却在,灯火阑珊处".然而却觉得它真稀有,因折腾与稀有才领略到互补问题里,离不开高斯函数可能是合理的,要初等函数"跳"成互补,真少有结果! 这算作难得的欣慰.

例8 等差数列 $a_n=1+(n-1)d(d\in \mathbf{N},d>1)$,求它的互补数列.

解 用"筛选"法,但要变动:从自然数序列定出 $a_n:1,1+d,1+2d,1+3d,1+4d,1+5d,1+8d,\cdots$;留下的 b_n 是分段的,每段含 $d-1$ 个连续自然数.第 n 段是从 a_n+1 到 $a_{n+1}-1$,得表5.

Beatty Theorem and Lambek-Moser Theorem

表 5

b_n	2	$3 \sim d$	$2+d \sim 2d$	
n	1	$2 \sim d-1$	$d \sim 2(d-1)$	
b_n	$2+2d \sim 3d$	$\cdots$	$2+(n-1)d \sim nd$	$\cdots$
n	$2d-1 \sim 3(d-1)$	$\cdots$	$(n-1)d-(n-2) \sim n(d-1)$	$\cdots$

其中 $2+(n-1)d \sim nd$（之间）是 $\{b_k\}$ 的一段连续项,第二行 n 是 b_n 的下标.对此数列表分析如下:

(1) 数列 $\{b_n\}$ 的第 n 段是 $a_n+1=2+(n-1)d \sim a_{n+1}-1=nd$（之间）的连续自然数.而跨在 a_n 两边的 b_n 项"跳"1即相邻 b_n 的两项差 2.这就是说 b_n 的表达式应有两部分:第一部分是连续增长的,应为 n 的一次函数 $n+c$(c 常数),第二部分表达该段的 $d-1$ 个数不变,接下来的要增 1.猜想是

$$b_n = n+1+\left[\frac{n-1}{d-1}\right] = \left[\frac{(n+1)d-2}{d-1}\right] \quad n \in \mathbf{N}$$

(2) 表 5 中第一行是 b_n,第二行是 b_n 的下标(自变量)n,它是连续的自然数(这与通常列表相反了),随着 b_n 的分段作分段,第 n 段的第一项是 $(n-1)d-(n-2)=1+(n-1)(d-1)$,第 $d-1$ 项是 $n(d-1)=d-1+(n-1)(d-1)$.该段上的 $d-1$ 个 $\{b_n\}$ 的项记作 b_m,于是下标 m 适合不等式

$$1+(n-1)(d-1) \leqslant m \leqslant n(d-1)$$

从而 $(n-1)(d-1) \leqslant m-1 \leqslant n(d-1)-1 < n(d-1)$,故

$$n-1 \leqslant \frac{m-1}{d-1} < n$$

$$\left[\frac{m-1}{d-1}\right] = n-1$$

$$m+1+\left[\frac{m-1}{d-1}\right]=m+1+n-1=m+n$$

依据命题,在数列"a_n-b_n"中,项 $b_m=m+n$ 前包括 b_m 共有 m 个 b_k,n 个 a_l 出现:

当 $m=1+(n-1)(d-1)$ 时,$m+n=1+(n-1)\cdot(d-1)+n=2+(n-1)d=a_n+1=b_{(n-1)(d-1)+1}$;

当 $m=n(d-1)$ 时,$m+n=n(d-1)+n=nd=a_{n+1}-1=b_{n(d-1)}$.

这表明开区间 (a_n,a_{n+1}) 上的 $d-1$ 个整数恰好是 $d-1$ 个 $b_m=m+n=m+1+\left[\frac{m-1}{d-1}\right]$,公式在区间 (a_n,a_{n+1}) 上的正整数 b_m 成立.因 n 的任意性,也就对所有区间成立,从而对自然数成立,猜想得到证明.

附注 任何自然数序列的等差子数列都有补数列,这个解答,实际上解决了自然数列一般等差子数列的补数列通项表达问题.只要作点平移变换,经过本例,就能作出互补数列的表达式:

例如 $a_n=5+(n-1)d$.令 $f(n)=a_n-4$,$f(1)=1$,适合本例,其补数列记为 $g(n)$,且 $g(1)=2$.

令 $b_n=n(n\leqslant 4)$,$b_n=g(n-4)+4(n\geqslant 5)$,则 b_n 就是 a_n 的补数列.

例 9 已知等比数列 $a_n=aq^{n-1}(a,q\in \mathbf{N},q>1)$,求它的补数列 $B(m)$.

解 为确定起见,取 $a=2$,$q=3$,$a_n=2\times 3^{n-1}$ 以三个连续整数 $B(m)$,a_n,$B(m+1)$ 组列表 6 如下.

Beatty Theorem and Lambek-Moser Theorem

表 6

n,m	1	2	3	4	5	6	7	⋯	17
a_n	2	2×3	2×3^2	2×3^3	2×3^4	2×3^5	2×3^6	⋯	2×3^{16}
$B(m)$	1	3	4	5	7	8	9	⋯	20
c_n	1	2	3	4	5	2×3	7	⋯	17
n,m	18	19	⋯	53	54	55	⋯		
a_n	2×3^{17}	2×3^{18}	⋯	2×3^{52}	2×3^{53}	2×3^{54}	⋯		
$B(m)$	21	22	⋯	57	58	59	⋯		
c_n	2×3^2	19	⋯	53	2×3^3	55	⋯		

表 6 中第四行 c_n 是合成数列 "a_n-$B(m)$",它以三个连续整数 $B(m),a_n,B(m+1)$ 为组排列.

一般地:$a_n=aq^{n-1}$,在 $\{c_m\}$ 中,其前后都是 $B(m)$ 的项.设三项 $B(m_0),a_n,B(m_0+1)$ 是连续整数.依据命题,$aq^{n-1}=a_n=n+m_0$,其中 $m_0=aq^{n-1}-n$ 是不超过 a_n 的 $B(k)$ 的项数.

由 m 求 $B(m)$.先求 n.若 $a_n<B(m)<a_{n+1}$,由 $B(m)=m+n$,则有 $a_n-n<m<a_{n+1}-n$,或写成 $a_n-(n-1)\leqslant m<a_{n+1}-n$(最后的不等式确保 n 取遍自然数时 m 也取遍自然数),故

$$n=\max\{k\mid a_k-(k-1)\leqslant m(k\in \mathbf{N})\}$$
$$B(m)=m+n=$$
$$m+\max\{k\mid a_k-(k-1)\leqslant m(k\in \mathbf{N})\}$$

可求.

例如对数列 $a_n=2\times 3^{n-1}$.

① $m=18=a_3$,$n=\max\{k\mid 2\times 3^{k-1}-k\leqslant 18\}=3$,依据命题,$B(18)=m+n=18+3=21$;

② $m=49<54=a_4$,$n=\max\{k\mid 2\times 3^{k-1}-k\leqslant$

$49\}=3$,依据命题,$B(49)=m+n=49+3=52$.

③ $m=157<162=a_5$,$a_5-4=158>m>54=a_4-3$,故 $n=4$,$B(157)=m+n=157+4=161$;

④ $m=158<162=a_5$,$a_5-4=158=m$,故 $n=5$,$B(158)=m+n=158+5=163$.

以上 ①②③④ 表明:m 变化,但未跳出不等式 $a_n-(n-1)\leqslant m<a_{n+1}-n$ 时,n 不变(如 ①②).m 连续增加,$B(m)=m+n$ 同步连续增加;否则 m 跳出不等式,n 变了,$B(m)=m+n$ 在 n 变的某一步要跳 1(如 ③④).

例 10 意大利数学家斐波那契(Fibonacci)提出的数列 $F(n)$:$1,1,2,3,5,8,13,21,34,55,\cdots$,是欧洲最早出现的递归数列.它从第三项起每项是前两项的和,即 $F(n+1)=F(n)+F(n-1)(n>1)$.它的通项是 $F(n)=\dfrac{1}{\sqrt{5}}\left[\left(\dfrac{1+\sqrt{5}}{2}\right)^n-\left(\dfrac{1-\sqrt{5}}{2}\right)^n\right]$.因为 $F(1)=F(2)=1$,依据充要条件及命题讨论,取 $F(n)$ 的单调段($n\geqslant 2$),用筛选法求其补数列,记为 $B(n)$(表 7).

表 7

n	1	2	3	4	5	6	7	8	9
$F(n)$		1	2	3	5	8	13	21	34
$B(n)$	4	6	7	9	10	11	12	14	15
n	10	11	12	13	14	15	16	$\cdots$	
$F(n)$	55	89	144	233	377	610	987	$\cdots$	
$B(n)$	16	17	18	19	20	22	23	$\cdots$	

合成数列"$F(n)$-$B(n)$"即合成数列 c_n,取其中三

个连续整数项 $B(m), F(n), B(m+1)$ 为组列表 8 如下.

表 8

$F(2)$	$F(3)$	$F(4)$	$B(1)$	$F(5)$	$B(2)$	$B(3)$	$F(6)$	$B(4)$
1	2	3	4	5	6	7	8	9
$B(5)$	$\cdots$	$B(14)$	$F(8)$	$B(15)$	$\cdots$	$B(26)$	$F(9)$	$B(27)$	$\cdots$
10	$\cdots$	20	21	22	$\cdots$	33	34	35	$\cdots$

对此数列表有如下分析和结论:

(1) 数列 c_n 在 $n > 3$ 的项 $F(n)$ 都是孤立的;$B(m)$ 是连续的片段:$F(n) < B(m) < F(n+1)$ 时 $B(m)$ 共有 $F(n+1) - F(n) - 1 = F(n-1) - 1$ 个连续整数项.

(2) 数列 c_n 相邻三项 $B(m), F(n), B(m+1)$ ($n > 3$), $B(m) = F(n) - 1, B(m+1) = F(n) + 1$. 依据命题, 在合成数列 c_n 中不超过 $F(n)$ 的项共 $F(n)$ 个, 其中属于 $\{F(i)\}$ 的项是 $n-1$ 个(缺 $F(1)$), 属于 $\{B(i)\}$ 的项是 m 个, 故 $F(n) = n - 1 + m$, 数列 c_n 中, 满足 $F(n) < B(m) < F(n+1)$ 的 $B(m) = m + n - 1$.

(3) 由 m 求 $B(m)$. 先求 n. 由 $F(n) < B(m) < F(n+1) \Leftrightarrow F(n) - (n-1) < m < F(n+1) - (n-1) \Leftrightarrow F(n) - (n-2) \leqslant m < F(n+1) - (n-1)$ ($n > 1$), 最后的不等式两端是数列 $F(n) - (n-2)$, 它确保 n 取遍自然数时 m 也取遍自然数. 所以 $n = \max\{k \mid F(k) - (k-2) \leqslant m (k \in \mathbf{N})\}$. 于是 $B(m) = m + n - 1 = m - 1 + \max\{k \mid F(k) - (k-2) \leqslant m (k \in \mathbf{N})\}$ 可求得. 例如:

① $m = 1, n = \max\{k \mid F(k) - (k-2) \leqslant 1\} = 4$,

$B(1)=m+n-1=4$.

② $m=2, n=\max\{k \mid F(k)-(k-2) \leqslant 2\}=5$, $B(2)=m+n-1=6$.

③ $m=8, F(7)-5=13-5=8=m<15=21-6=F(8)-6$, 故 $n=7, B(8)=m+n-1=8+6=14$.

④ $m=13$, 由③, $m=13<15=21-6=F(8)-6$, 故 $n=7, B(13)=m+n-1=13+6=19$.

以上①②③④表明: m 变化中跳出不等式 $F(n)-(n-2) \leqslant m < F(n+1)-(n-1)(n>1)$ 时, n 需跟着变(如①②). m 连续增加, $B(m)=m+n$ 却不连续, 在某项出现过跳 1; 否则 n 不变, $B(m)=m+n$ 同步随 m 连续增加而连续增加(如③④).

附注 例 8、例 9、例 10 有以下几点:

(1) 例 8 的补数列有一个较为独立的表达式(经过高斯函数); 例 9 和例 10 的思路是经由合成数列寻求, 例 9 的 $B(m)=m+n$, 例 10 的 $B(m)=m+n-1$ 看似二元的, 归根结底 n 由 m 决定, $B(m)$ 是 m 的一元函数.

(2) 例 9 和例 10 都举了四例, 由 m 求 $B(m)$. 理由是该问题与理论分析是互为反方向的: 分析时, $B(m)$ 是在不等式限定的范围内变化; 由 m 求 $B(m)$ 时, m 任意给, $B(m)$ 所处范围可能要随 m 变了, 导致 n 有变化, 因而 m 连续变化, $B(m)$ 可能不连续变化了. 而后者是问题的真正目标.

(3) 给出自然数的一个子数列, 它必有一个补数列, 这是客观存在; 而例 9 和例 10 关于 $B(m)$ 的表达式可以延伸出下述更普遍的定理.

定理 2 若给定自然数列的递增子数列 $a_n (n \in \mathbf{N})$, 则它的补数列 $B(m)$ 是客观存在的, 且 $B(m)$ 有一个表达式(可能要依赖于 a_n).

证明 对任意的 $a_n(n \in \mathbf{N})$,总可以从 a_1 开始,尤如例 8 和例 9 那样逐个补出 $B(1),B(2),\cdots$,根据数学归纳法原理,$B(m)$ 存在,两者的合成数列 $C(n)=n$ 也存在.

对任意给定的 m(这与逐个补出是根本不同的问题),依据充要条件及命题,设 $B(m)=C(n)$,即 $B(m)$ 在 $C(n)$ 中是第 n 项,$n=m+k$,k 是小于 $B(m)$ 的 a_i 项数(若无 a_i,k 取 0),最大的项是 a_k,有 $a_k < B(m) < a_{n+1}$($k=0$ 时 $B(1)=1$),$a_k - k < B(m) - k < a_{n+1} - k$,即 $a_k - k + 1 \leqslant m < a_{n+1} - k$,得 $k = \max\{l \mid a_l - l + 1 \leqslant m (l \in \mathbf{N})\}$.从而
$$B(m) = m + k =$$
$$m + \max\{l \mid a_l - (l-1) \leqslant m (l \in \mathbf{N})\}$$
由 $m \in \mathbf{N}$ 的任意性,定理得证.

证完定理 2,觉得自然数列的两个互补子数列问题似乎基本回答了.反思这段思路有点意思:两道第 29 届 IMO 备选题开始了互补数列混合的一段有序数列的讨论,引导了定理 1 的证明,再进一步的展开应该是充要条件以扩展视野.若干试验(举例)生动、直观.$[n\alpha]$,$[n\beta]$ 互补的充要条件开拓了一个方向,函数方程寻求纯代数化处理少有结果;筛选法是新路,等差数列的补数列提升了"补"的意识,等比数列与斐波那契数列的补数列的推理,拓展了"筛选法"到"补项法",深化了"合成数列"的意义,发展为互补的充要条件和命题,最后才进入定理 2 这个过程(为了推理,被颠倒了),但这使我们自然地想到《古今数学思想》的作者 M·克

Beatty 定理与 Lambek-Moser 定理

莱因在序言中所写的下面一段话①,真是含义深刻和语重心长!

  课本中的字斟句酌的叙述,未能表现出创造过程中的斗争、挫折,以及在建立一个可观的结构之前,数学家所经历的艰苦漫长的道路. 而学生一旦认识到这一点,他将不仅获得真知灼见,还将获得顽强地追求他所攻问题的勇气,并且不会因为他自己的工作并非完美无缺而感到颓丧. 实在说,叙述数学家如何跌跤,如何在迷雾中摸索前进,并且如何零零碎碎地得到他们的成果,应能使搞研究工作的任一新手鼓起勇气.

数学思想与数学文化对本书作者和读者都是意义重大的.

在给笔者的邮件中严先生写道:

  现在发给你的这篇文章其实走到这步蛮难,先感到充要条件不可思议,刘社长离沪后,经过第 29 届 IMO 两道备选题的证明到定理重证,有了点补味,例题的思考,等差、等比数列补数列的寻求,加在一起,发现合成数列十分有用,提出充要条件,这才有定理 2 的结果,觉得几乎与以往比全新了,觉得才对得住刘社长那句:有研究的话,才觉得可发稿了,才想起克莱因那句意味深长的话.

有一位网名雾满拦江的网友发微博写道:
北大钱理群,应邀出门讲课,介绍他对于鲁迅的研

---

① 《古今数学思想》(第四册)作者 M·克莱因,北京大学数学系数学史翻译组,译,上海科学技术出版社.

究.正讲得激情四溢,有人站起来提问,请你举例说明:你的鲁迅课对促进学生今后就业有什么作用?钱理群听了大吃一惊,一时语塞,手足无措……他说:"大学教育已经被实用主义所裹挟,知识的实用化,精神的无操守,这是一种大学本性的丧失,……"大学如此,中学更是如此.笔者五年前到上海参加曹珍富教授在上海交大举行的可信任通讯实验室的十年庆典.在与曹教授交谈过程中,曹教授对中国的中学数学教育提出了尖锐批评.他说:当前偌大的中国没有一个"学"生,全都是"考"生,学习的全部目的就是应试.而本书对此并无多大帮助,所以印数很少.而且,如今数学专著出版的黄金时代已过去.以世界上最著名的一套数学丛书布尔巴基的《数学原本》为例.在20世纪60年代各个分册都印好几千册,而1998年最新出版的一个分册(代数学卷第10章)才印了区区二三百本.这么有名的名著(笔者正在全力收集各种版本,俄文版已经搜到了一些)尚且如此,更何况由无名之辈写的小册子了.所以这注定是一个孤独的尝试与探索.

获得2012年普利兹克建筑学奖后,建筑师王澍说:

"我这么多年在探索过程中感到有些孤独,但如果很真诚地去思考,认真地工作,把理想坚持足够久的时间,那么最后一定会有某种结果."

但愿如此!

刘培杰

2017年1月9日

于哈工大